堆喷混凝土沿空留巷顶板控制机理及关键技术

主　编　任兴云
副主编　郝兵元　张　涛

中国矿业大学出版社
·徐州·

图书在版编目(CIP)数据

堆喷混凝土沿空留巷顶板控制机理及关键技术 / 任兴云主编. —徐州 ：中国矿业大学出版社，2025. 2.
ISBN 978-7-5646-6633-0
Ⅰ. TD353

中国国家版本馆 CIP 数据核字第 20253LM490 号

书　　名	堆喷混凝土沿空留巷顶板控制机理及关键技术
主　　编	任兴云
责任编辑	章　毅
出版发行	中国矿业大学出版社有限责任公司 （江苏省徐州市解放路　邮编 221008）
营销热线	(0516)83885370　83884103
出版服务	(0516)83995789　83884920
网　　址	http://www.cumtp.com　**E-mail**:cumtpvip@cumtp.com
印　　刷	江苏凤凰数码印务有限公司
开　　本	787 mm×1092 mm　1/16　**印张** 10.25　**字数** 201 千字
版次印次	2025 年 2 月第 1 版　2025 年 2 月第 1 次印刷
定　　价	46.00 元

（图书出现印装质量问题，本社负责调换）

前　言

沿空留巷具有无煤柱可多采出资源、一巷两用可少掘进巷道以及实现“Y”形通风有利于瓦斯管理等技术优势，也符合绿色开采理念而成为井工矿井采掘部署的发展方向。如何高效维护顶板是沿空留巷技术的重点和难点，而巷旁支护是该技术的关键。沿空留巷巷旁支护不仅要满足承载性能的要求，还要与复杂多变的地质条件和快速推进的采煤工作面相适应。随着围岩控制理论和技术的发展，沿空留巷无煤柱开采在我国被广泛应用。但受井下地质条件复杂多变等因素的影响，沿空留巷顶板控制方面仍然存在一些问题，主要体现在围岩控制理念、工艺对环境变化的适应能力、施工效率与工作面推进速度融合性等方面。因此，对于需要做巷旁支护墙体的沿空留巷无煤柱开采来说，顶板控制理论与技术、巷旁支护材料及承载结构、施工工艺及方法等依然是沿空留巷推广应用过程中需要解决的重要课题。

本书结合沿空留巷无煤柱开采的需求牵引，综合应用理论分析、室内试验、数值模拟、相似材料模拟和工业性试验等研究方法，揭示了基于顶板活动分区特征的巷旁支护作用机理，并提出了一种安全高效构筑巷旁支护结构体的堆喷筑墙方法，研发了初期快速增阻、后期高强稳定的巷旁支护材料。同时，研究了巷旁支护体的结构特征，构建了巷旁支护和巷内临时维护的顶板力学模型，结合堆喷关键技术，给出了沿空留巷的顶板控制工艺，形成了堆喷筑墙沿空留巷顶板控制的理论、材料、结构和工艺等技术体系，并开展工程实践。

主要工作及取得的研究成果如下：

(1) 通过分析顶板活动规律及稳定性，掌握了沿空留巷顶板的结构形态显著受基本顶断裂岩块影响，沿空留巷顶板的主要失稳形式为切落、回转、破断和冒落。结合 $FLAC^{3D}$ 数值模拟方法，考虑顶板控制的巷旁支护强度效应和增阻效应，阐明了巷旁支护早期初撑强度和后期最终强度对沿空留巷顶板安全控制的影响机制。在此基础上，将沿空留巷顶板的运移活动依次划分为发展区、活跃区和稳定区，并揭示了承载性能及压缩变形与顶板岩层活动过程协同耦合的巷旁支护作用机理，为巷旁支护材料选择和结构参数设计奠定了理论基础。

(2) 提出了一种安全高效构筑巷旁支护结构体的堆喷筑墙方法，其特点为施工不需要支模和振捣，全方位接顶并不受巷道断面及尺寸限制；研发了能够适应沿空留巷顶板活动特征及矿压规律的巷旁支护材料。开展了堆喷试件SEM(扫描电镜)微观形貌、强度特性及破坏特征研究，将其强度增加过程划分为初期快速增长(龄期 0～14 d)、中期持续增长(龄期 14～28 d)和后期稳定(龄期＞28 d)三个阶段。堆喷巷旁支护体适当可缩能够适应顶板的“给定变形”，初期快速增阻能够尽早对顶板提供支撑作用，后期高强稳定能够抵抗顶板破断垮落等动压影响，满足顶板控制的载荷及位态需求，为沿空留巷顶板控制提供了材料支撑。

(3) 通过在巷旁支护体的上下设置顶板锚索和底板锚杆，形成了“顶板-墙体-底板”一体化巷旁支护系统，抑制巷旁支护体的回转失稳或滑移变形。基于系统刚度优化巷旁支护体的断面形状为直角梯形，防止巷旁支护体钻底并减弱底板对支护系统刚度的影响。基于构造配筋在巷旁支护体两侧设置钢筋网片和内部设置对拉钢筋，提高了支护体的承载强度和抗剪切变形能力。通过相似模拟试验掌握了沿空留巷的覆岩结构，构建了巷旁支护和巷内临时维护的顶板力学模型，为顶板控制的巷旁支护结构和参数提供了设计依据。

(4) 构建了堆喷料的射流运动模型，反演了堆喷料从离开喷头至到达受喷面的运动过程，将堆喷结构体自密实无模成型的过程划分为高速射流冲击和冲击响应两个阶段。基于流体动力学方法，在输料管路中部设置了补风接头并接入高压风源，克服沿程阻力，达到接力长距离输料的效果，实现了巷旁支护体高效构建。经过堆喷料水化反应分析，明晰了堆喷混凝土产生的粉尘主要是未湿润的水泥，通过在距离喷头 3～5 m 的位置分段加水，提前混合并湿润物料，实现了“干料湿喷”。从巷道顶板加固、施工流程、巷旁墙体承载性能和支撑结构等方面，给出了沿空留巷顶板控制的整体工艺，为工程实践提供了技术及工艺保障。

(5) 针对冀中能源峰峰集团辛安矿 2# 煤 11212－2 综放工作面运料巷的采矿工程条件，从巷内补打锚索加强支护、巷旁堆喷混凝土墙体和留巷初期临时维护三个方面给出了顶板控制参数，开展沿空留巷工业性试验，取得了较好的应用效果，验证了堆喷筑墙沿空留巷方法及其顶板控制技术的可行性和可靠性，为我国复杂地质条件矿井实现沿空留巷提供了一种新的技术方法。

编　者

2024 年 10 月

目　　录

第1章 绪 论

1.1 研究背景与意义

煤炭是中国的主体能源，开采量和消费量持续增加，优质资源储量日益缩减。2022年，全国原煤产量达到45.6亿t，创造了历史新高。随着煤炭资源的减少和节约型社会的构建，提高采煤工作面的回采率势在必行。沿空留巷技术是指在工作面回采过程中，通过有效的巷旁支护和巷内支护技术，将本工作面的回采巷道保留下来作为相邻工作面的一条回采巷道使用，即一条巷道需要服务于两个采煤工作面，这样既可以少掘进一条巷道，又可以多采出一个护巷煤柱资源。沿空留巷技术符合绿色开采理念[1]，在很大程度上缓解了多数矿井的采掘衔接紧、资源回收率低、通风管理及瓦斯利用不佳、近距离煤层开采的应力集中与地面不均匀沉降等问题，并且得到了国家及地方政府的政策支持。因此，沿空留巷无煤柱开采技术得到了广泛推广应用，并创造了巨大的经济效益和社会效益。沿空留巷示意图如图1-1所示。

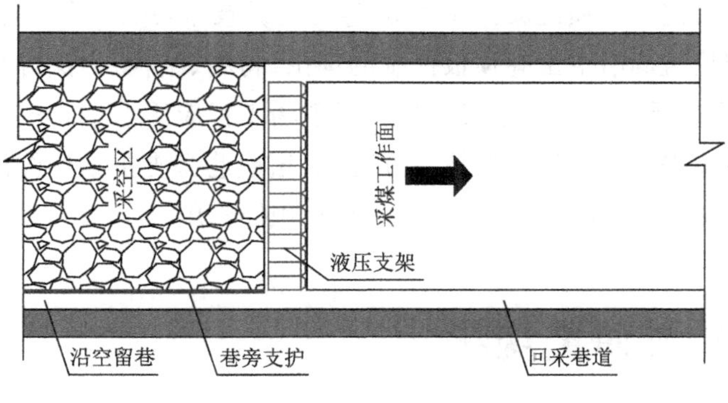

图1-1 沿空留巷示意图

在煤炭行业，国内外学者对沿空留巷方法及其围岩控制技术做了大量的研究工作，并取得了非常丰富的研究成果，如沿空留巷顶板岩层活动规律、巷内及巷旁支护顶板控制技术等[2-5]。但当前已有的沿空留巷方法在顶板控制理念、支护材料及工艺对环境变化的适应能力、施工效率与工作面推进速度融合性等方面还存在一些问题。沿空留巷是由煤帮、巷旁支护体及巷道上方顶板岩层所围成的空间，留巷成功的关键就在于保证其稳定[6]。沿空留巷围岩由巷内锚网索支护及巷旁支护结构体共同承载，巷内锚网索支护能力有限，因此，巷旁支护应尽早形成对顶板的高强支撑，抑制留巷顶板离层或过量下沉变形，同时能够发挥类似切顶柱的作用，切断采空侧的悬臂顶板，减轻留巷围岩压力[7-8]。沿空留巷的巷旁支护不仅要满足承载性能要求，还要与复杂多变的地质条件和快速推进的采煤工作面相适应。煤层厚度越大，沿空留巷围岩的维护难度越大[9]；煤层倾角越大，采掘条件越复杂[10]；埋藏深度越大，围岩的地应力水平越高[11]。正因如此，探索与回采煤层赋存条件及生产工艺相适应的新型沿空留巷方法及顶板控制技术，一直是采矿工程技术人员追求的目标[12]。

在沿空留巷围岩稳定性研究和无煤柱开采需求牵引的基础上，针对目前巷旁支护存在的支护强度与顶板活动不相适应、接顶效果不佳、筑墙效率制约工作面快速推进等问题，提出了巷旁堆喷筑墙改善沿空留巷顶板稳定性的技术方法。该方法是将预拌混合料通过混凝土喷射机，快速高压输送至受喷空间，控制喷头的运移轨迹，逐层堆叠构筑混凝土支护结构体。本书揭示了基于顶板活动分区特征的巷旁支护作用机理，研发了与支护机理相适应的初期快速增阻、后期高强稳定的堆喷支护材料；进一步研究了“顶板-墙体-底板”一体化的巷旁支护结构参数，构建了巷旁支护和巷内辅助支护力学模型；结合堆喷材料属性和施工工艺，研究了堆喷混凝土沿空留巷的关键技术，给出了顶板控制整体工艺，形成了堆喷筑墙沿空留巷顶板控制的理论、材料、结构、方法等技术体系；研究成果在冀中能源峰峰集团辛安矿进行了现场工程应用[13-14]，安全技术效益显著，为沿空留巷提供了一种新的技术方法，对拓展巷旁支护结构体的高效施工、无煤柱绿色开采以及促进煤矿安全生产具有积极作用。

1.2 国内外研究现状

英国、德国、法国、波兰和苏联等主要产煤国家很早就开始了沿空留巷无煤柱开采试验与研究[15-16]。20 世纪 30 年代，苏联一些井工矿井开始在回采巷道的采空区边缘砌筑矸石充填带进行无煤柱开采试验，充填材料主要为采掘过程中产生的矸石。20 世纪 70 年代，苏联开展了爆破放顶在巷旁形成矸石带的工程试验，放顶高度为采高的两倍左右，一般应用于薄煤层开采[17-18]。20 世纪 50 年代，英国、德国、法国和波兰等国家也相继开展了沿空留巷工程试验。德国最初使用石膏作为巷旁支护材料，并开发出了配套的充填设备和工艺，后来逐步开发了混凝土巷旁充填方法[19-20]。英国于 20 世纪 70 年代开发了高水速凝巷旁充填材料及相应的泵送工艺系统[21]。

我国无煤柱开采技术的试验与研究工作开始于 20 世纪 50 年代[22-23]，发展到现在已经有 70 多年的应用历史[6]，在薄煤层、中厚煤层、厚煤层开采实践中均有应用，沿空留巷方法及顶板控制技术不断发展和完善。

在沿空留巷无煤柱开采过程中，由于巷道服务时间长，经历的采动影响阶段多，围岩控制难度高于普通巷道，其中顶板控制是沿空留巷的一个关键问题。国内外学者结合沿空留巷顶板岩层活动规律，对巷内支护、巷旁支护等顶板控制方法和技术进行了一系列的研究工作，并取得了丰硕的研究成果。

1.2.1 沿空留巷顶板岩层活动规律研究

岩层移动是引起采动应力分布的直接原因，掌握采场覆岩的活动规律是巷道围岩控制的前提[24]。随着长壁综采工作面的推广应用，人们对沿工作面推进方向的上覆岩层活动规律有了比较明确的认识，形成了覆岩砌体梁理论[25]、传递岩梁理论[26]、关键层理论[27]、关键块体滑移-失稳（S－R）理论[28]等，为我国采矿科学技术的发展奠定了基础。沿空留巷位于长壁采场的倾向边缘位置，与工作面推采方向垂直。针对沿空留巷围岩的应力环境和变形特点，国内外学者对沿工作面倾向的沿空留巷顶板岩层破断特征和活动规律也进行了大量研究。

沿空留巷顶板岩层活动规律及围岩控制理论在国外的研究起步比较早[29-30]。随着煤炭产业发展，我国专家学者也提出了适合中国煤层赋存条件的相关理论，在经典矿压理论的基础上进一步发展，极大地丰富了沿空留巷及围岩控制理论。陆士良[31]、漆泰岳等[32]研究认为，沿空留巷的顶板岩层断裂发生于实体煤帮上方，断裂后的顶板岩块向采空区旋转，导致巷道顶板的下沉变形量较大；沿空留巷顶板活动以旋转下沉为主，采用性能良好的巷旁支护可以发挥一定的切顶效果，有利于控制顶板下沉变形；滞后工作面 60 m 范围的顶板岩层变形剧烈，这个范围之外顶板岩层活动趋于稳定。孙恒虎等[33]假设顶板岩层之间的黏结力近似为零，运用弹性力学理论把沿空留巷顶板结构简化为“矩形叠加层板”模型，巷旁充填体和垮落矸石是“叠加层板”的支承边界，并提出了沿空留巷顶板活动过程中载荷的“集硬效应”和“硬支多载”规律。李化敏等[34-35]分析了沿空留巷顶板岩层运动的过程及变形特征，得出沿空留巷顶板岩层运动分为前期活动、过渡期活动及后期活动三个阶段，对应的巷道变形特征为前期顶板以旋转变形为主，过渡期顶板仍以旋转变形为主，但变形速度快且变形量大，后期顶板以平行下沉变形为主。何满潮等[22,36-37]提出了“切顶短臂梁”理论，并基于该理论形成了切顶卸压自动成巷无煤柱开采技术，超前聚能爆破切断留巷顶板与采空区之间的联系，将“长悬臂梁”变为“短悬臂梁”结构，充分利用碎胀矸石的自承载能力支撑顶板。陈勇[38]、柏建彪等[39]通过建立沿空留巷关键块结构力学模型，提出沿空留巷基本顶岩层首先在实体煤帮上方破断、在巷旁充填体采空侧二次破断的观点，得出基本顶在充填体外侧破断的必要条件是巷旁支护阻力能使关键块在充填体外侧达到或超过其极限抗拉强度。周保精[40]、徐金海等[41]指出在沿空留巷覆岩大结构中，关键块对巷道围岩稳定的影响最大，留巷采空侧的直接顶岩层在自重以及巷旁支护体产生的切顶阻力作用下，沿支护体外侧断裂，破断的顶板岩层呈倒台阶的悬臂梁状态。高玉兵[42]、何满潮等[43]指出切顶卸压无煤柱自成巷条件下，切缝范围内的顶板岩层被视为一端固支(实体煤侧)、一端悬臂(采空区侧)的结构状态；切缝范围以外的上位岩层破断形成铰接顶梁结构，并将载荷传递至较远的实体煤和采空区。谢生荣等[44]针对强采动条件沿空留巷顶板的非对称变形与控制问题，基于悬臂梁理论建立了顶板非对称锚固深梁承载结构力学模型，高阻力单体支柱和高强顶板锚杆索的非对称支护再结合两帮强力承载可以有效改善剪应力分布的非对称性，增强锚固深梁的结构稳定性。龚鹏[45]、唐芙蓉等[46]运用 Winkler 弹性地基理论，建立了综采充填沿空留巷条件下的顶板关键层力学模型，给出了顶板下沉量预测公式和巷旁支护体的滑移、回转失稳判据。由于我国不同矿区的地质条件、生产技术水平、井型大小等差异较大，因地制宜地提出不同的顶板岩层活动规律和应用不同的沿空留巷顶板控制技术是必要且符合我国实际情况的。

覆岩运动对沿空留巷围岩稳定性的影响显著，巷旁支护施工及达到设计的支护强度需要一定时间，巷旁支护时间效应对顶板岩层运移活动的影响逐渐引发关注。因此，在掌握沿空留巷顶板岩层破断特征的基础上，针对巷旁支护时间和空间效应对顶板稳定性的影响机制开展进一步研究很有必要。随着理论研究推进和工程实践经验积累，我国沿空留巷顶板岩层活动规律相关理论和顶板控制技术必将得到进一步的发展和推广应用，也会提高煤炭资源的回收率和我国在世界煤炭领域的科技水平。

1.2.2 沿空留巷巷内支护顶板控制研究

煤系岩层为脆性材料，巷道顶板离层或下沉变形超过一定范围就会发生断裂破坏。围岩应力、围岩强度及支护条件是决定沿空留巷围岩稳定性的三大要素[47]。在特定的采矿工程地质条件下，围岩自身的物理力学强度和所处环境的应力特征是一定的，而支护形式及参数是能否实现巷道围岩安全可控的重要因素[48]。根据沿空留巷支护作用和时空分布的不同，顶板控制技术可以分为巷内支护和巷旁支护。

巷内支护技术是指在巷道掘进时设置的基本支护，我国沿空留巷的巷内基本支护主要包括架棚支护、锚杆索支护和复合支护三种方式。

架棚支护是井工矿井巷道的传统支护方式，支护材料主要为木棚、工字钢棚和U型钢棚等，支护方式为被动支护。这种支护方式只有当顶板发生一定的变形时才能被动承载，不利于发挥围岩自身的承载能力[49]。目前，我国单独使用架棚支护的回采巷道已经很少，只有在复杂困难条件下才采取架棚和锚杆索主被动复合支护。

大量研究与工程实践表明，锚杆和锚索作为一种主动支护技术，是沿空留巷巷内支护的有效手段之一，已经成为采煤国家井工煤矿巷道支护的主要方式和主导技术[50-51]。S. S. Peng等[52]对锚杆索支护在井工矿井巷道围岩控制方面的效果进行了详细论述；康红普等[53]对锚杆索支护成套技术及应用效果进行了深入研究；侯朝炯等[54]提出了锚杆索支护巷道围岩强度强化理论；何满潮等[55]、X. M. Sun等[56]提出了恒阻大变形支护理念，研发了具有负泊松比效应的恒阻大变形锚杆(索)新材料，促进了巷道支护安全。

在巷内支护顶板控制方面，目前工程实践中存在的主要问题是巷道掘进和沿空留巷未统筹考虑，往往在巷道掘出以后才开始应用沿空留巷，导致巷道支护没有一步到位，掘进期间的支护仅能满足一次采动影响，留巷时需要进一步补强支护。而且初期支护材料的强度一般比较低，后期补强支护材料的强度相对比较高，造成多种支护材料的性能差异较大，不能协同支护并更好地发挥优质材料的支护性能。沿空留巷服务时间长，顶板变形具有各阶段逐渐演化的特征，即后一阶段顶板在前一阶段的变形基础上继续变形。因此，一旦初期控制不好，顶板应力环境逐渐恶化，变形程度越发剧烈，后期控制难度增大。

因此，沿空留巷顶板控制技术是一项系统工程，巷内支护和巷旁支护必须统筹考虑。在采掘衔接允许的情况下，巷内支护顶板控制应将巷道掘进支护设计与无煤柱开采相结合考虑，即在回采巷道掘进前，提出与沿空留巷所需支护强度相适应的巷道支护方式及参数，巷道顶板控制一步到位，避免留巷时的后期补强支护工作。

1.2.3 沿空留巷巷旁支护顶板控制研究

众所周知，沿空留巷是位于长壁工作面采空区边缘的巷道空间。沿空留巷的围岩一般是指煤帮、直接顶、基本顶、巷旁支护体及底板，这几者对沿空留巷的结构稳定性有着直接影响。巷旁支护体是平衡巷道顶板压力的一种人工构筑物，不同煤层赋存条件要求的沿空留巷巷旁支护结构不同。根据支护类型，沿空留巷的巷旁支护形式可以分为柱式、垛式、墙式、锚注式及组合式等[6]。墙式巷旁支护是指使用特定的支护材料，沿着巷道采空区边缘构筑一道连续的墙体，隔离采空区和支撑巷道顶板，把原有的巷道保留下来实现沿空留巷。在封闭性要求较高的高瓦斯矿井、易自燃煤层、采高超过一定限度、近距离煤层下煤层等复杂地质条件下，高支撑强度、隔绝采空区不漏风的墙式巷旁支护是必要选择[57]。

巷旁支护必须与工作面开采后形成的采场边缘上覆岩层活动相适应，全部垮落法处理采空区时的沿空留巷巷旁支护应具备以下三个基本性能：① 隔绝性，即隔离采空区，防止采空区的有害气体和垮落矸石涌入巷道内，同时避免留巷内的风进入采空区；② 支撑性，支撑巷道顶板，控制顶板岩层的过量回转或下沉变形；③ 可缩性，巷旁支护应具备一定的可缩性，以适应顶板回转下沉。煤帮-巷旁支护体-采空区已冒落矸石形成了对长壁工作面采空区边缘上覆岩层的支撑体系[58]。因此，巷旁支护体的支撑性能将直接影响其受力大小和留巷顶板结构稳定。构建性能优良的巷旁支护结构体，实现安全高效开采，是采矿从业人员关注的热点及难点技术之一。

沿空留巷无煤柱开采技术发展到现在，我国普遍做法是，随着工作面不断推进，沿回采巷道采空区边缘人工构筑巷旁结构体或切顶形成矸石带支护顶板实现沿空留巷[59]，作为下一个工作面的回采巷道使用。巷旁支护代替煤柱保护巷道是沿空留巷顶板控制的重要设施，应具有支撑、挡矸、防漏风等作用，也是沿空留巷的关键技术。

1.2.3.1 *巷旁支护形式*

构筑巷旁支护体是墙式巷旁支护沿空留巷的关键[15]。近年来，随着沿空留巷技术的发展和相关工程应用，有文献报道的巷旁支护形式包括堆积矸石带、砌筑墙（垛）体、浇筑混凝土、柔模混凝土、高水（膏体）材料等，其共同特点是均须在采空区边缘形成巷旁支护体支撑顶板。

(1) 堆积矸石带

堆积矸石带巷旁支护是通过木点柱、金属支柱等柱式支护结构，配合金属网阻挡采空区的矸石，一方面防止采空区矸石窜入巷道内，另一方面通过约束使散体状的矸石形成沿巷道走向的一条矸石带，对顶板提供一定的支撑作用。

英国多为薄煤层赋存情况，沿空留巷条件简单，在机械化砌筑装置的保障下，矸石带机械充填应用较多。我国无煤柱开采初期试验阶段，基本都是在巷帮垒砌矸石带或搭设木垛支撑顶板。例如，峰峰煤田的东艾口煤矿在回采厚度1.0～1.2 m的煤层时，使用采掘过程中产生的矸石，在回采巷道的采空侧垒砌一条宽度为2 m的矸石带[60]。该方法的主要缺点是巷旁支护阻力小、人工劳动强度大、采空区封闭效果不理想[6]。

21世纪以来，我国沿空留巷无煤柱开采技术取得了快速发展。2008年，何满潮等[22]基于切顶短臂梁理论，提出了无煤柱切顶自成巷技术及工艺，形成了“110工法”。该方法具有施工简单、就地取材、成本低廉等特点，在薄及中厚煤层等沿空留巷实践中的应用较多[61-62]。“110工法”沿空留巷需要采空区顶板岩层紧跟工作面移架立即垮落，并堆积充填满回采空间[63]。在自然矿压作用下，采场覆岩垮落具有一定的时间效应，并不能及时充满采空区从而发挥承载作用。因此，切顶自成巷的实现方式主要是超前工作面实施切顶钻孔，在爆破卸压的作用下，使采空区顶板及时垮落并在巷旁堆积，作为留巷的一帮支撑巷道顶板[64-66]。

(2) 砌筑墙(垛)体

料石作为一种常见的砌筑材料，最早在构筑矿用支护结构体方面被应用。王金华[67]、李文光等[68]早在1987年就对料石砌碹支护软岩巷道进行了研究，指出料石支护体实际上是一种多铰结构，不均压时容易产生几何变形使砌缝处出现应力集中，因而砌缝处最容易发生破坏。同时，料石砌碹施工劳动量大、劳动强度高，改善料石砌碹支护效果的途径是使用大型钢筋混凝土预制板代替小块料石。

随着水泥产品制造技术的发展，混凝土砌块因具有强度高、单块体积大和砌筑工艺简单等优点，逐渐被应用于构建矿用支护结构体。王真[69]、韩昌良等[70]对沿空留巷砌筑隔离墙砌块结构承载能力的影响因素进行了研究，指出沿空留巷砌块式墙体强度取决于砌块的砌筑方式，砌筑方式对墙体的强度和稳定性有较大影响。为了提高墙体的整体承载性，砌筑时应上下错缝、内外搭砌、铺砌均匀、灰浆饱满。康红普等[6]通过系统总结我国无煤柱开采的围岩控制技术，指出料石、混凝土块等墙式或垛式巷旁支护结构存在初期支护阻力小、增阻速度慢、可缩量及巷道控顶宽度大、采空区封闭效果不佳、砌墙劳动强度高等缺点。

综上所述，砌块提供不了主动承载能力，只有当顶板断裂回转下沉以后才可以起到支撑作用。随着支护材料和施工技术的发展，使用料石或混凝土砌块砌筑巷旁隔离墙等支护结构体的沿空留巷顶板控制方法逐渐被淘汰[71]。

(3) 浇筑混凝土

混凝土作为一种常见的建筑及岩土工程材料，具有承载强度高、耐久性好等优点，众多学者对其在煤矿井下沿空留巷顶板控制方面的应用也开展了相关研究。

唐建新等[72]进行了普通混凝土巷旁充填沿空留巷试验，得出初凝时间较长、初期强度低是其最大的缺点，因此不能控制顶板前期下沉变形和离层，采用墙体两侧布置单体液压支柱临时支护和采空区侧锚索加强支护，可以弥补普通混凝土巷旁充填的不足。姚直书等[73]对浇筑混凝土围岩控制方面进行了研究与应用，但浇筑混凝土支模、搅拌、浇筑、拆模、养护等工序复杂，受煤矿井下作业空间和施工条件限制，顶板与墙体接顶处存在不均匀缝隙，墙体强度形成慢，早期强度较低。

目前，浇筑混凝土一般应用于基建矿井的初期井巷支护以及巷道底板硬化等工程中，回采期间的采场及沿空留巷顶板控制方面应用较少。

(4) 柔模混凝土

经过多年的研究与试验，我国煤矿支护材料取得了重大进展，柔模混凝土支护材料及方法在煤矿井下获得了大量的推广应用。

王晓利等[74]采用透水不透浆的高强度纤维柔性模袋替代了刚性模板，将搅拌好的混凝土混合物泵送至柔性模袋中，沿巷道边缘形成一道柔模混凝土墙作为巷旁支护体实现沿空留巷。柔模混凝土具有一定的可缩性，巷旁支护墙体内配置对拉锚杆等锚栓约束，可以提高承载性能[75]。D. Freys 等[76]对柔模混凝土的泵送过程进行了研究，得出混凝土在输送管道中承受了一定的剪切速率，从而分散水泥颗粒，导致其填充能力、通过能力和自固结能力下降。马广兴[77]以城郊煤矿21404 轨道顺槽沿空留巷为工程背景，从施工工艺、劳动强度和留巷效果等角度，对柔模混凝土沿空留巷进行了分析，认为巷旁支护是沿空留巷的一个难点。

柔模混凝土巷旁充填体的承载能力大，且能有效封闭采空区，但需要在井下建立一套搅拌及输料系统。目前，柔模混凝土在薄及中厚煤层开采条件下构筑沿空留巷巷旁支护墙体和特殊地质条件井巷快速支护方面的应用较多，在厚煤层开采条件下的沿空留巷巷旁支护方面也开展了一些工程应用。

(5) 高水(膏体)材料

为了适应越来越复杂的开采条件，新的支护材料及施工方法也在不断被提出。高水材料是 20 世纪 80 年代发展起来的一种无机胶凝材料，一般通过双液管道泵送方式充填到柔性模袋内，并配合对拉锚杆等横向约束构建墙式支护结构体，在柔模充填构筑巷旁隔离墙沿空留巷无煤柱开采方面的应用较多[78]。这类支护材料的典型特点是水灰比大、可以长距离输送、变形能力强，适用于空巷充填、采空区防灭火、“三下”压煤充填开采等矿山工程。

随着高水材料的推广应用，英国于 1979 年进行了高水材料巷旁充填沿空留巷工业性试验。发展到现在，高水材料在巷旁充填方面的应用逐渐占据了主导地位[79-80]。我国(超)高水充填材料的研发和在采矿工程中的应用以冯光明等[81-82]为代表，对高水充填材料及其充填开采技术进行了系统性的研究与应用，所研发的高水材料由 A、B 两种主料与少量复合速凝剂和缓凝分散剂组成。高水材料充填开采技术能使采空区的充填率超过 85%，预充空巷可以避免工作面回采过空巷期间出现强烈的矿压现象，注浆防灭火可以使火区的温度和 CO、NH_4 浓度恢复到正常水平。同时，采场及巷道围岩控制技术的发展促进了高水材料在沿空留巷中的应用。康红普等[83]以淮南矿业集团谢家集第一煤矿为工程背景，对深部沿空留巷的围岩变形特征与支护技术进行了研究，使用水泥、粉煤灰、石子、砂子和外加剂组合而成的膏体材料，在巷旁构筑了一道宽度为 2.5 m 的充填墙体作为巷旁支护(墙体高度 1.6 m、每日充填 4.8 m)，以高预应力、强力锚杆与锚索作为巷内基本支护，单体液压支柱配合铰接顶梁作为临时加强支护方式，实现了沿空留巷无煤柱开采。

为了进一步改善高水材料的性能，新的添加物逐渐被考虑进来。熊祖强等[84]、李西凡等[85]试验研究了巷旁充填高水材料的单轴压缩变形破坏特征和力学性能，得出结论：高水材料的结构较为疏松，呈固、液、气构成的多孔海绵状结构，低水灰比条件下容易发生剪胀破坏，高水灰比条件下容易发生拉伸破坏，添加聚丙烯纤维可以提升高水材料的强度。目前，我国高水材料研发和沿空留巷巷旁支护方面的应用技术日趋完善，但巷旁支护体多为高水材料泵入柔性模袋内固结形成，材料在自流平之后局部会出现空顶现象，顶板变形会造成动载冲击作用[86]。

综上所述，随着巷旁支护材料及施工工艺的发展，沿空留巷无煤柱开采技术相对比较成熟,在中厚煤层开采方面的应用较多,极大地提高了煤炭资源回收率。从扩大沿空留巷无煤柱开采的应用范围来说,应当继续研究解决如高瓦斯矿井、易自燃煤层、埋藏较深、大倾角、快速推采、地质条件复杂等困难条件下的顶板控制技术。现有沿空留巷的巷旁支护形式多为独立结构,致使巷旁支护与顶底板不是一个整体,巷旁支护体与顶底板之间的抵抗侧压能力弱,受顶板岩层活动等侧压影响时极易发生剪切错动或滑移失稳。因此,应开发更为简单易行和有效的巷旁支护技术,发展新的沿空留巷方法及巷旁支护材料,使无煤柱开采获得更好的技术经济和社会效益。

1.2.3.2 巷旁支护强度

我国专家学者在巷旁支护强度对沿空留巷顶板岩层活动规律的影响和围岩控制方面做了一些研究,支护强度在巷旁支护参数中具有重要地位,其对顶板控制的重要性已经得到了普遍认可,但关于巷旁支护增阻时间效应对沿空留巷顶板岩层活动规律及围岩控制方面的研究相对较少。

李化敏[34]通过分析沿空留巷顶板岩层的运动特征得出,巷旁支护体前期的支护阻力主要是平衡直接顶及其悬臂部分的重量,使直接顶与基本顶保持紧贴状态;过渡期的支护阻力主要是通过参与顶板运动及平衡,缩短顶板剧烈活动的时间,减少留巷顶板过量下沉;后期的作用主要是维持基本顶“大结构”稳定;支护阻力不能改变顶板岩层过渡期的下沉变形,也不能约束后期活动引起的下沉,支护阻力大小对顶板的后期下沉影响较小。张农等[87]、韩昌良等[88]针对大采高沿空留巷的顶板运动特征,指出留巷顶板压力由顶板、巷旁墙体和底板共同承担,给出了墙体强度与顶板运动不同阶段的作用关系,提出顶板初期强度应大于顶板载荷,后期强度应能适应顶板变形,墙体强度应与顶板运动保持动态协同。张东升等[89]研究得出,当巷旁支护体的早期强度能够提供足够的支护阻力时,基本顶岩层在巷旁支护体边缘附近达到弯矩极限,留巷顶板关键岩块沿巷旁支护体外侧切落。切落基本顶可以减少顶板在采空区侧的悬露长度,降低顶板作用在巷旁支护体上的附加载荷,从而降低巷道围岩的应力集中程度和冲击危险性,提高留巷成功率。康红普等[6]指出巷旁支护是沿空留巷的关键技术,要求巷旁支护既具有合理的工作阻力能切断一定高度的顶板,又有一定的变形量以适应沿空留巷顶板下沉。巷旁支护设置后应有较快的增阻速度,尽早有效支护顶板,避免过大的顶板离层与下沉。曹悦[12]以漳村矿 3# 煤层综放工作面为研究背景,提出了“高强承载层+让压接顶层”的组合结构巷旁充填支护沿空留巷方法,充填体上部采用柔性材料接顶让压,下部采用刚性材料高强承载；让压接顶层在基本顶“给定变形”阶段发挥柔性让压的作用，防止顶煤剪切破碎，让压接顶层的刚度应小于顶煤的刚度。

综上所述，现有的沿空留巷方法、巷旁支护材料及顶板控制技术，在不同时期对我国煤炭科技创新做出了积极贡献。随着开采强度、煤层厚度及埋藏深度的增大，采掘条件越发复杂，沿空留巷巷旁支护结构体需要的承载强度更大、接顶封闭性更强、支护及时性更迫切[90]。同时，由于煤矿井下的作业环境和使用要求特殊，现有的巷旁支护形式及其施工方法的应用条件和效果存在一定的局限性，煤层起伏及厚度变化较大时，预制模板（模袋）巷旁支护存在接顶空隙；厚煤层、大埋深等高地压条件下，巷旁支护受载变形大，留巷围岩控制投入多；巷旁支护初期强度低以及施工工序复杂，制约工作面快速推采等。因此不能完全满足沿空留巷的顶板控制要求。

当前，我国经济发展对煤炭资源的需求量大，煤炭保供任务重、时间紧。为了与高产高效矿井采煤工作面快速推进的生产需求相适应，沿空留巷的巷旁支护还要求结构设计和施工工序尽可能简单快速，很多矿区都在探索安全高效的沿空留巷方法及可靠的顶板控制技术。

混凝土因承载强度高、耐久性好等优点，是巷旁支护材料的理想之选，但施工工艺的复杂程度和较慢的增阻速度制约了其应用。例如，浇筑混凝土支设定型模板、搅拌、浇筑、振捣密实、硬化后拆卸模板和养护等工序复杂，封闭预留浇筑口接顶比较困难，强度增长较慢，制约混凝土墙体的构筑速度和支撑效果。柔性模袋泵注混凝土虽然克服了浇筑混凝土的一些问题，但受煤矿井下作业空间和施工条件限制，当巷道高度或者煤层厚度起伏变化时，预制模袋存在接顶空隙的问题；而且普通混凝土的增阻速度较慢，与顶板及时支撑和工作面快速推采的生产要求不符[91]。现有技术条件下，喷射混凝土一般用于薄层衬砌封闭，防止煤岩风化，喷层厚度小于 150 mm，可视为形成“二维”的薄封闭层；另外，普通喷射混凝土还存在早期强度低、后期强度倒缩、不能作为承重支护结构体等问题[92-93]。因此，根据煤矿井下的应用需求，巷旁支护作用机理、与其相适应的支护材料及工艺方法、顶板控制技术等依然是沿空留巷推广应用过程中需要解决的重要课题。

1.3 主要创新点

（1）阐明了巷旁支护的强度效应和增阻效应对沿空留巷顶板控制的影响机

制，将沿空留巷的顶板运移活动依次划分为发展区、活跃区和稳定区，揭示了巷旁支护与顶板在不同活动阶段的协同作用机理。

(2) 提出了一种安全高效构筑巷旁支护结构体的堆喷方法，研发了支撑该工艺方法的堆喷混凝土外加剂，使巷旁支护体具有无模自密实快速成型、全方位接顶、初期快速增阻、后期高强稳定、高黏附及微膨胀等特性。

(3) 构建了巷旁承载及临时支护结构力学模型，研究了“顶板-墙体-底板”一体化的巷旁支护系统，明晰了巷旁支护结构体的承载特征，解析了留巷初期巷内临时支护的合理强度，建立了堆喷混凝土沿空留巷技术体系。

1.4 研究内容与方法及技术路线

1.4.1 研究内容与方法

结合无煤柱开采的需求牵引，基于沿空留巷顶板活动分区特征，揭示巷旁支护与顶板运移的协同作用机理，为巷旁支护材料选择和支护结构设计奠定理论基础；研发适应顶板活动特征及矿压规律的巷旁支护材料，为沿空留巷顶板控制提供材料支撑；对巷旁支护体进行结构强化，建立巷旁支护和巷内临时维护力学模型，为顶板控制的巷旁支护结构和参数提供设计依据；给出堆喷筑墙沿空留巷的整体工艺，形成沿空留巷顶板控制的理论、材料、结构和工艺等技术体系并开展工业性试验。具体的研究内容及方法如下。

1.4.1.1 *基于顶板活动分区特征的沿空留巷巷旁支护作用机理*

采用理论分析方法，对沿空留巷的顶板活动规律及稳定性进行分析，明晰巷旁支护是沿空留巷顶板控制的关键。采用 $FLAC^{3D}$ 数值模拟方法，研究不同的巷旁支护强度和增阻速度对沿空留巷围岩应力分布及顶板变形规律的影响机制，对沿空留巷的顶板运移过程进行分区，揭示巷旁支护与顶板不同活动阶段的协同作用机理，为后续巷旁支护材料选择和结构参数设计奠定理论基础。

1.4.1.2 *巷旁支护材料研发及其与沿空留巷顶板活动规律的适应性研究*

提出一种安全高效构筑巷旁支护结构体的堆喷方法，简化巷旁支护工艺，实现巷旁墙体全方位接顶和高效构建；采用室内及现场试验的方法，研发能够适应沿空留巷顶板活动特征及矿压规律的初期快速增阻、后期高强稳定的巷旁支护材料。开展堆喷试件的强度特性与破坏机制研究，掌握巷旁支护体发生结构破坏时的载荷大小及破坏形式，使巷旁支护体能够适应沿空留巷顶板控制的载荷及位态，为沿空留巷顶板安全控制提供材料支撑。

1.4.1.3 堆喷巷旁支护体结构特征及顶板控制力学模型

采用理论分析和数值模拟方法，对巷旁支护体与围岩的作用体系进行研究，形成“顶板-墙体-底板”一体化的巷旁支护系统；基于系统刚度对巷旁支护体的断面形状进行优化，基于构造配筋对巷旁支护体的结构进行强化。采用相似模拟试验方法，掌握沿空留巷的覆岩结构，并构建巷旁支护和巷内临时维护的顶板力学模型，为沿空留巷的巷旁支护结构和顶板控制参数提供设计依据。

1.4.1.4 堆喷关键技术及沿空留巷顶板控制工艺

采用理论分析方法，构建堆喷料的射流运动模型，反演堆喷料的运动过程，阐明堆喷巷旁支护体的自密实无模成型技术特征。基于流体动力学方法，分析中路加风对长距离接力输料的效果，阐明堆喷巷旁支护体的接力输料高效构建技术特征。采用理论分析和现场试验的方法，分析分段加水的降尘效果，阐明堆喷巷旁支护体的“干料湿喷”绿色施工技术特征。从巷道顶板加固、施工流程、巷旁墙体承载性能和支撑结构等方面，给出沿空留巷顶板控制的整体工艺，为工程实践提供技术及工艺保障。

1.4.1.5 堆喷混凝土沿空留巷工业性试验

在沿空留巷顶板安全控制理论、材料、结构、方法等技术体系的研究基础上，在冀中能源峰峰集团辛安矿 2# 煤 11212－2 综放工作面运料巷开展堆喷混凝土沿空留巷工业性试验，通过现场矿压观测及围岩控制效果评价，为研究结果提供信息反馈，验证堆喷筑墙沿空留巷方法及顶板控制技术的可行性和可靠性。

1.4.2 技术路线

本书围绕堆喷混凝土沿空留巷顶板安全控制的研究目标，采用理论分析、室内试验、数值模拟、相似材料模拟和工业性试验等综合研究方法，遵循需求牵引→理论基础→材料支撑→结构强化→工艺实现→应用检验的研究思路，开展了堆喷混凝土沿空留巷顶板控制的理论、材料、结构和工艺等技术体系研究，最终研究成果于辛安矿进行现场工业性试验。研究技术路线如图 1－2 所示。

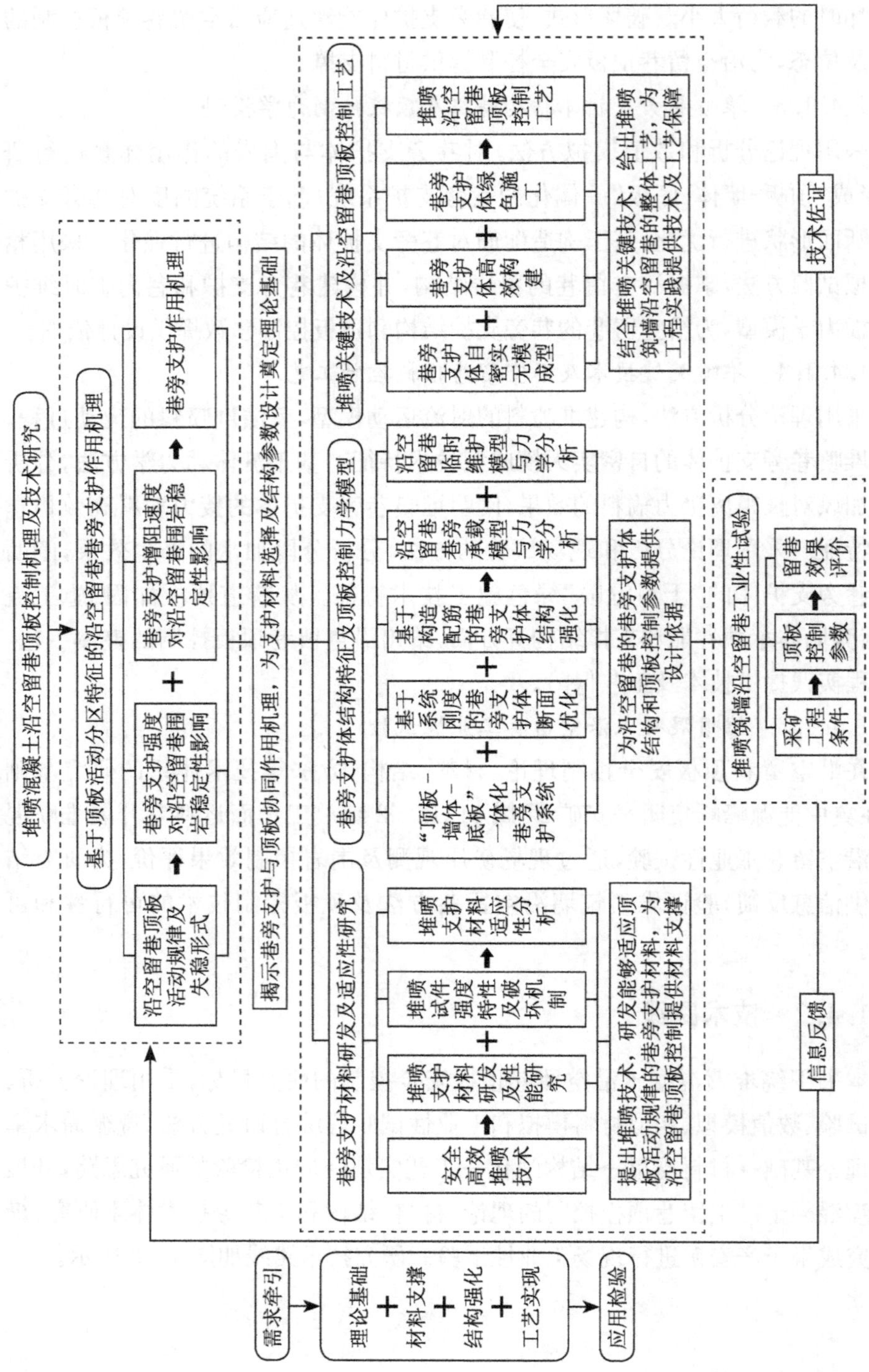
需求牵引
理论基础
材料支撑
结构强化
工艺实现
应用检验
堆喷混凝土沿空留巷顶板控制机理及技术研究
基于顶板活动分区特征的沿空留巷巷旁支护作用机理
沿空留巷顶板活动规律及失稳形式
巷旁支护强度对沿空留巷围岩稳定性影响
巷旁支护增阻速度对沿空留巷围岩稳定性影响
巷旁支护作用机理
揭示巷旁支护与顶板协同作用机理，为支护材料选择及结构参数设计奠定理论基础
巷旁支护材料研发及适应性研究
安全高效堆喷技术
堆喷支护材料研发及性能研究
堆喷试件强度特性及破坏机制
堆喷支护材料适应性分析
提出堆喷技术，研发能够适应顶板活动规律的巷旁支护材料，为沿空留巷顶板控制提供材料支撑
巷旁支护体结构特征及顶板控制力学模型
“顶板－墙体－底板”一体化巷旁支护系统
基于系统刚度的巷旁支护体断面优化
基于构造配筋的巷旁支护体结构强化
沿空留巷巷旁承载模型与力学分析
沿空留巷临时维护模型与力学分析
为沿空留巷的巷旁支护体结构和顶板控制参数提供设计依据
堆喷关键技术及沿空留巷顶板控制工艺
巷旁支护体自密实无模成型
巷旁支护体高效构建
巷旁支护体绿色施工
堆喷沿空留巷顶板控制工艺
结合堆喷关键技术，给出堆喷筑墙沿空留巷的整体工艺，为工程实践提供技术及工艺保障
堆喷筑墙沿空留巷工业性试验
采矿工程条件
顶板控制参数
留巷效果评价
信息反馈
技术佐证

图 1-2　技术路线框图

第2章 基于顶板活动分区特征的沿空留巷巷旁支护作用机理

结合沿空留巷顶板安全控制的研究目标，通过长壁工作面沿空留巷顶板破断特征、稳定性及影响因素分析，明晰沿空留巷成功的关键在于保持煤帮、巷旁支护及巷道上方顶板岩层所围成的小结构的稳定。巷旁支护体作为沿空留巷顶板的重要支撑结构物，其承载过程具有复杂的时间和空间效应。从支护强度效应和增阻效应两个角度，研究巷旁支护与顶板不同阶段运动规律的相互作用机制，揭示基于顶板活动分区特征的巷旁支护协同作用机理，为后续巷旁支护材料选择和结构参数设计提供理论依据。

2.1 沿空留巷顶板活动规律及稳定性分析

2.1.1 工作面顶板侧向破断特征

已有研究表明，长壁工作面从开切眼向前推进一定距离，达到基本顶岩层的极限跨距以后，采空区悬露的基本顶发生“O－X”破断，顶板初次来压[94]。随着工作面继续推进，基本顶岩层发生如图2－1所示的周期性垮落。煤壁前方的顶板由实体煤支撑，后方的顶板则由采空区已经垮落的矸石支撑[95]。

图2－1中Ⅰ－Ⅰ断面的沿空留巷顶板岩层结构如图2－2所示。长壁工作面回采以后，位于工作面两侧的回采巷道失去了采空区煤体支撑，基本顶岩层发生断裂首先形成如图2－2(a)所示的“悬臂梁”结构[96]。由于沿空巷道位于采场移动盆地倾斜剖面的边缘部位，在一侧实体煤的支承条件下，自重及上覆岩层载荷使得基本顶受到拉伸与压缩作用，从而在煤帮上方产生裂隙。随着裂隙向下发展，巷道上方的基本顶又断裂形成岩块A和岩块B，岩块B向下回转并与早期断裂的岩块C接触。在水平挤压力的作用下，形成了两端分别以实体煤帮和采空区冒落矸石为支点的铰接岩梁结构，即如图2－2(b)所示的“砌体梁”结构[97]。

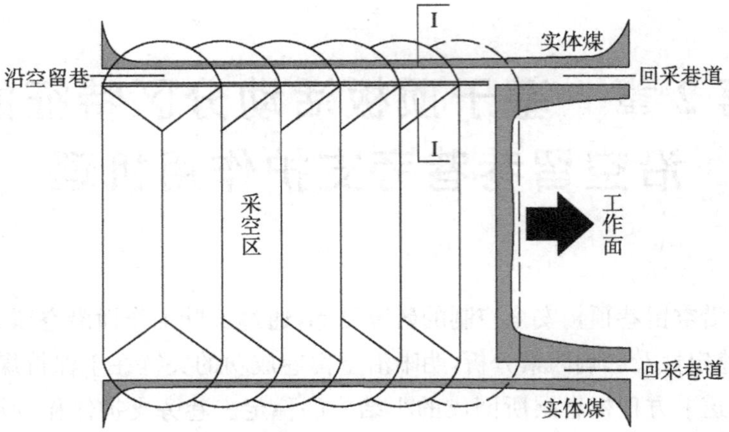

图 2－1　基本顶岩层周期破断垮落示意图

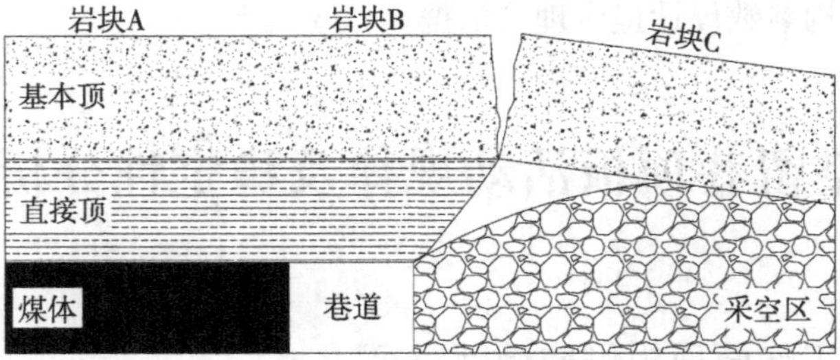

（a）“悬臂梁”结构

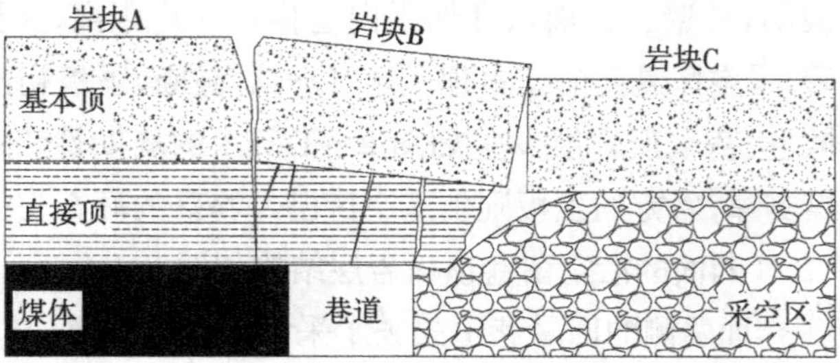

（b）“砌体梁”结构

图 2－2　沿空巷道顶板岩层结构示意图

分析图 2－2 所示的沿空巷道上方基本顶断裂前、后形成的“悬臂梁”和“砌体梁”结构得出，沿空留巷围岩的结构形态与基本顶的运动直接相关。一方面，由于岩块 B 承载着上覆岩层及自身重量的强大载荷，支撑它的煤帮和巷旁支护体两个支点便需要来承载这部分载荷。如果两个支撑点中的任意一个支点支撑不了所分担的载荷，则岩块 B 就会发生运动。另一方面，如果两个支点均能支撑起各自的分担载荷，而岩块 B 承担不了上覆岩层和自身重量的叠加载荷，岩块 B 同样会发生运动。因此，基本顶断裂岩块 B 的运动决定着沿空留巷围岩的失稳形式[97]。

2.1.2　沿空留巷顶板稳定性分析

长壁工作面回采以后，巷道失去了采空区侧煤体的支撑作用，顶板岩层在煤帮和巷旁支护体两个支点的作用下形成了留巷空间。根据前人研究成果和基本顶“砌体梁”破断结构特征[96-97]，沿空留巷顶板可能发生如图 2－3 所示的切落、回转、破断(垮冒)和冒落等主要的失稳形式。

2.1.2.1　切落失稳

在基本顶断裂前呈“悬臂梁”的围岩结构条件下，沿空巷道的煤帮是“悬臂梁”唯一的一个支撑点。在基本顶断裂后呈“砌体梁”的围岩结构条件下，沿空巷道的煤帮是岩块 B 的两个支撑点之一。因此，不论在基本顶断裂前后，沿空巷道的煤帮都承受着上覆顶板岩层较为集中的支承压力，进而致使煤帮产生较大的塑性变形和破坏，导致基本顶沿煤帮切断，发生如图 2－3(a)所示的切落失稳。

2.1.2.2　回转失稳

覆岩基本顶从“悬臂梁”到“砌体梁”结构的发展过程中，由于基本顶断裂形成的岩块 B 回转和下沉，使岩块 C 成为岩块 B 的另一个支撑点。在煤层厚度及采高较大或者直接顶岩层厚度较小的条件下，采空区冒落的矸石少、充填高度低，导致岩块 C 的下沉空间大，岩块 C 与岩块 A 之间的高差较大，岩块 B 的倾斜程度增大，这样岩块 B 与岩块 C 不能铰接形成“砌体梁”式的稳定结构，则会以巷道煤帮侧为支撑点发生如图 2－3(b)所示的回转失稳。

2.1.2.3　破断(垮冒)失稳

在沿空巷道煤帮和岩块 C 两个支点能够支撑起基本顶岩块 B 的条件下，如果留巷的宽度较大，基本顶受节理裂隙等构造弱面影响不完整或者厚度较小，当基本顶承载不了自身重量及上覆岩层载荷时，岩块 B 将会在巷道上方断裂，直接顶岩层也随之冒落，发生如图 2－3(c)所示的破断(垮冒)失稳。

2.1.2.4　冒落失稳

当巷道顶板受掘进和采动等强烈扰动影响时，特别是在超前支承压力和采

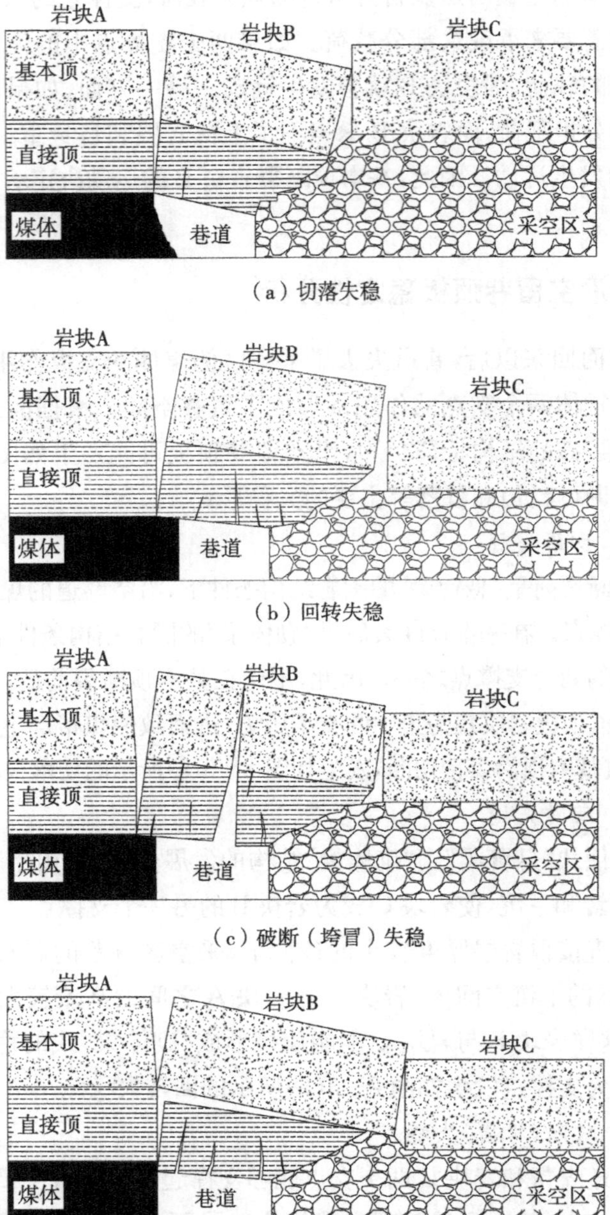

（a）切落失稳

（b）回转失稳

（c）破断（垮冒）失稳

（d）冒落失稳

图 2-3　沿空留巷围岩失稳形式示意图

空区侧向支承压力的叠加作用下，可能会使直接顶岩层发生较大的位移和变形，并与基本顶产生离层，进一步在岩块 B 的回转挤压作用下，发生如图 2-3(d)所示的冒落失稳。

沿空留巷围岩控制就是要防止顶板发生切落、回转、破断（垮冒）和冒落等失稳，重点是支撑顶板和加固煤帮。巷旁支护虽然不能控制顶板岩层的运动趋势，但可以与岩块 C 一起形成采空区侧的支撑点。因此，沿空留巷顶板控制的主要技术途径是：① 选择合理的巷内支护方式及参数，加固煤帮防止切顶；② 增强巷道顶板的强度，防止直接顶冒落和基本顶破断；③ 增加采空侧支护（即巷旁支护），分担煤帮和岩块 C 的支撑载荷，控制岩块 B 的回转和下沉。

2.1.3　沿空留巷顶板活动影响因素

沿空留巷是由煤帮、巷旁支护及巷道上方顶板岩层所围成的空间，留巷成功的关键就在于保持此围岩结构的稳定[6]。影响沿空留巷顶板活动规律和强烈程度的因素有很多，具体包括煤层厚度、埋藏深度、地层倾角、顶板岩性及分布等主要的地质因素以及巷道断面尺寸及掘进层位、巷内支护形式与参数、巷旁支护形式与参数等技术因素。

沿空留巷顶板载荷由巷内支护及巷旁支护共同承载，在特定的采矿工程条件下，巷内支护及巷旁支护是人为可以干预控制的，也是影响沿空留巷顶板活动特征的关键因素。顶板控制一方面要求巷道开挖后立即使用强力锚杆、锚索等构件，及时主动支护巷道的煤帮及顶板，且施加足够的预紧力，抑制围岩扩容变形，避免直接顶与上位岩层产生离层破坏和煤帮发生较大范围的塑性变形。另一方面，巷旁支护应尽早形成对顶板的高强支撑，控制留巷顶板离层及下沉变形，同时还能够发挥类似切顶柱的作用，促进采空侧的顶板岩层沿着支护体外侧断裂垮落，减少采空侧悬伸顶板的长度，形成“短悬臂梁”或“短简支梁”结构。

当前生产技术条件下，巷内支护技术以锚网索为主，从提高围岩强度和改善受力状态两方面着手，支护技术相对比较成熟。因此，巷旁支护是沿空留巷的关键技术，巷旁支护体是发挥支承、隔离、封闭等支护作用的结构物[98]，其施工和承载过程具有比较复杂的时间和空间效应。一方面，沿空留巷的顶板载荷会随着工作面的推进而逐渐增大；另一方面，巷旁支护体从成型接顶至达到设计强度，其变形和强度特性是随着时间而逐渐变化的，即巷旁支护体具有一定的增阻过程[99]。巷旁墙体支护强度的时间和空间效应示意图如图 2-4 所示。

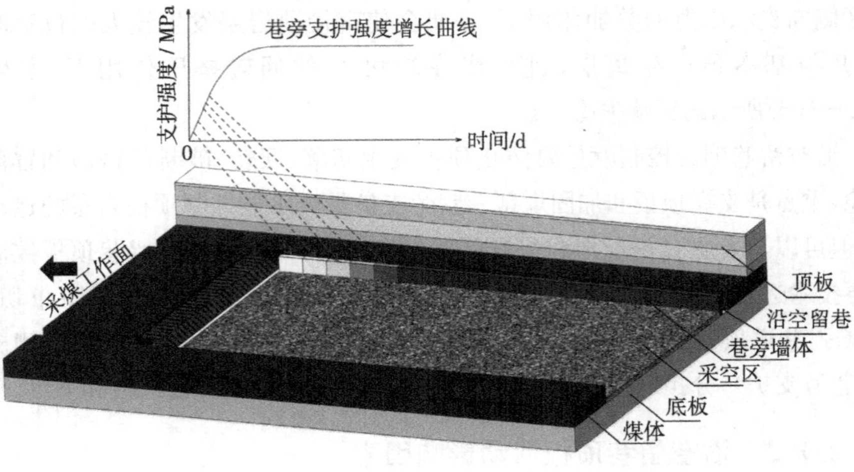

图 2-4　巷旁墙体支护强度的时间和空间效应示意图

如图 2-4 所示，如果采煤工作面推进速度快，工作面后方的围岩应力释放快，此时巷旁墙体的支护强度较低，对顶板变形的抵抗能力较小；如果采煤工作面推进速度慢，工作面后方的围岩应力释放也慢，此时巷旁墙体的支护强度较高，对顶板变形的抵抗能力较大。因此，沿空留巷的顶板活动特征和支护材料的增阻时间这两个因素都将对巷旁墙体的承载有较大影响[100]。沿空留巷巷旁支护体承载分析和设计过程中，如果不考虑支护体施工和强度特性的时间和空间效应，将会高估巷旁墙体的实际支护能力，或者墙体宽度大而实际支护强度不高。因此，有必要从巷旁支护体的强度和增阻速度两个角度，重点研究巷旁支护体强度效应和增阻效应对沿空留巷顶板活动规律的影响。

2.2　沿空留巷顶板控制的巷旁支护强度效应

顶板作用到巷旁支护体的载荷，取决于巷旁支护体对顶板岩层运动的抵抗程度，巷旁支护强度对沿空留巷的顶板控制效果有较大影响[101]。结合本书第 6 章工业性试验的工程背景，针对沿空留巷顶板稳定性的巷旁支护强度效应，采用单一变量控制法设计的 $FLAC^{3D}$ 数值模拟方案，见表 2-1。巷旁支护体的最终强度分别设置为 20 MPa、30 MPa、40 MPa 和 50 MPa 四种方案，模拟一次回采沿空留巷和二次回采留巷复用过程。

表 2－1　巷旁支护强度效应的数值模型设置方案

方案	方案一	方案二	方案三	方案四
巷旁支护强度	20 MPa	30 MPa	40 MPa	50 MPa

数值模型中的顶底板岩层柱状图如图 2－5 所示，对应的煤岩层物理力学参数见表 2－2[102-103]。

地层	岩性	累深 /m	层厚 /m	柱状图	岩性描述
山西组	中粒砂岩	657.5	3.8		灰色石英质为主，砂质胶结，由上而下粒度变细
	泥岩	661.3	3.5		深灰色，隐晶质结构，含动物化石
	中粒砂岩	664.8	2.0		灰色石英质为主
	细粒砂岩	666.8	3.0		灰色，以石英为主，含少量云母片
	泥岩	669.8	2.4		深灰色，隐晶质结构，含动物化石
	2# 上煤	672.2	0.6		黑色、发亮、块状
	细粒砂岩	672.8	2.1		灰色，以石英为主，含少量云母片
	砂质泥岩	674.9	2.1		灰色，夹薄层泥岩
	细粒砂岩	677	12.9		灰色，以石英为主，含少量云母片
	泥岩	689.9	2.1		深灰色，隐晶质结构，含动物化石
	细粒砂岩	692	5.0		灰色，以石英为主，含少量云母片
	粉砂岩	697	3.0		灰黑色，砂质胶结，含植物化石
	2# 煤	700	4.4		黑色、发亮、块状
	粉砂岩	704.4	4.9		灰黑色，砂质胶结，含植物化石
	砂质泥岩	707.5	3.1		灰色，泥质胶结

图 2－5　顶底板岩层柱状图

表 2-2　煤岩层物理力学参数

编号	岩性	厚度/m	密度/($kg \cdot m^{-3}$)	体积模量/GPa	剪切模量/GPa	内聚力/MPa	内摩擦角/(°)	抗拉强度/MPa
1	中粒砂岩	3.8	2 600	15.68	10.89	3.1	38	2.5
2	泥岩	3.5	2 500	5.21	3.1	1.4	32	0.78
3	中粒砂岩	2.0	2 600	15.68	10.89	3.1	38	2.5
4	细粒砂岩	3.0	2 600	11.24	7.88	2.3	35	2.0
5	泥岩	2.4	2 500	5.21	3.1	1.4	32	0.78
6	2# 上煤	0.6	1 400	4.34	1.56	1.0	33	0.8
7	细粒砂岩	2.1	2 600	12.24	9.88	2.3	35	2.0
8	砂质泥岩	2.1	2 600	8.08	4.47	1.2	33	0.8
9	细粒砂岩	12.9	2 600	12.24	9.88	2.3	35	2.0
10	泥岩	2.1	2 500	5.21	3.1	1.4	32	0.78
11	细粒砂岩	5.0	2 600	12.24	9.88	2.3	35	2.0
12	粉砂岩	3.0	2 600	10.2	8.53	2.1	32	1.85
13	2# 煤	4.4	1 400	4.34	2.15	1.0	33	0.8
14	粉砂岩	4.9	2 600	10.2	8.53	2.1	32	1.85
15	砂质泥岩	3.1	2 500	8.08	4.47	1.2	33	0.8
16	方案一墙体	3.4	2 310	14.5	10.7	1.5	42	1.7
17	方案二墙体	3.4	2 310	16.7	12.5	2.5	45	2.5
18	方案三墙体	3.4	2 310	18.9	14.2	3.7	48	3.3
19	方案四墙体	3.4	2 310	21.1	15.8	4.8	50	4.2

数值模型示意图如图 2-6 所示，模拟采深为 700 m，未考虑的顶板岩层通过在模型顶部施加等效垂直载荷，其中模型的长(X 轴)×宽(Y 轴)×高(Z 轴)为 280 m×253.5 m×54.9 m，X 方向和 Y 方向的水平侧压系数分别为 0.8 和 1.2。模型共划分为 1 225 440 个网格，包含 1 287 825 个节点，留巷工作面和复用工作面的宽度均为 90 m，回采巷道沿煤层顶板掘进，宽×高＝4.5 m×3.4 m，留 1 m 底煤。巷旁墙体的宽度为 1.0 m，高度为 3.4 m，沿空留巷的宽度为 3.5 m。工作面每天回采推进 6 m，对应构筑巷旁支护墙体 6 m，滞后工作面 6 m 构筑巷旁墙体。

数值模型中工作面开挖以及沿空留巷的过程为：① 建立模型，初始应力平衡；② 回采巷道开挖，初始应力平衡；③ 留巷工作面开挖，将开采范围内的煤层

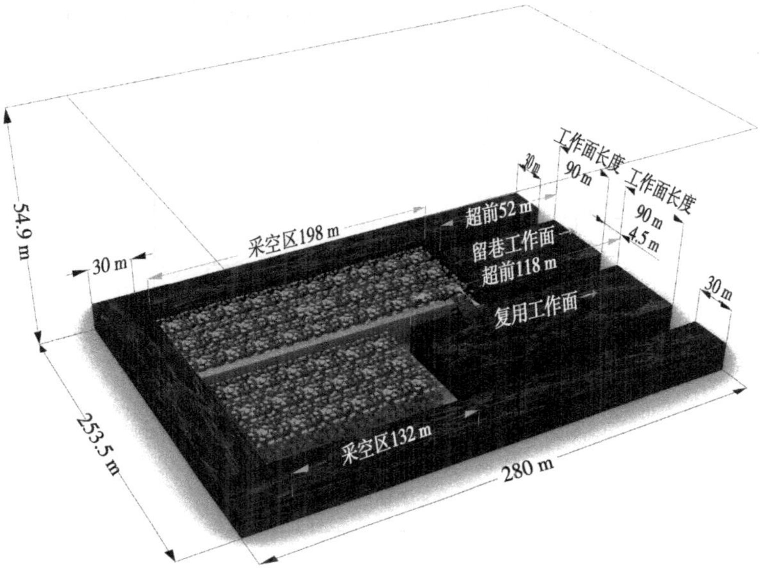

图 2-6 数值模型示意图

单元沿走向按照 6 m 进尺分步设置为 null 本构模型，滞后工作面 6 m 在采空区边缘构建巷旁支护墙体，把巷旁墙体的单元设置为摩尔-库仑本构模型，将其位移、应力、速度、加速度、塑性破坏等状态参数全部归零，赋予不同方案对应的支护强度参数并进行计算；④ 复用工作面开挖，将第二个工作面开采范围内的煤层单元沿走向按照 6 m 进尺分步设置为 null 本构模型，并进行计算。

在图 2-6 所示的数值模型中，第一个工作面按照 6 m 进尺分步开挖，滞后工作面 6 m 逐步构建巷旁墙体实现沿空留巷并计算→第一个工作面回采 198 m→第二个工作面按照 6 m 进尺分步开挖并计算→第二个工作面回采 132 m。模型计算过程中，监测沿巷道走向的顶板中线垂直应力、顶板中线垂直位移、底板中线垂直位移、煤帮垂直应力、巷旁墙体的垂直应力和位移等矿压数据，作为分析沿空留巷矿压特征的指标，为巷旁支护材料的强度设计提供科学依据。

2.2.1 支护强度与围岩应力分布特征

通过分析巷旁支护体和顶板岩层的垂直应力演化规律，掌握不同支护强度对应的围岩应力分布特征。不同巷旁支护强度对应的第一个工作面回采以后，沿巷道走向的沿空留巷围岩垂直应力分布曲线如图 2-7 所示，顶板侧向应力分布曲面如图 2-8 所示，沿空留巷围岩垂直应力分布云图如图 2-9 所示。第二个工作面回采留巷复用阶段,典型的围岩垂直应力分布云图如图 2-10 所示。

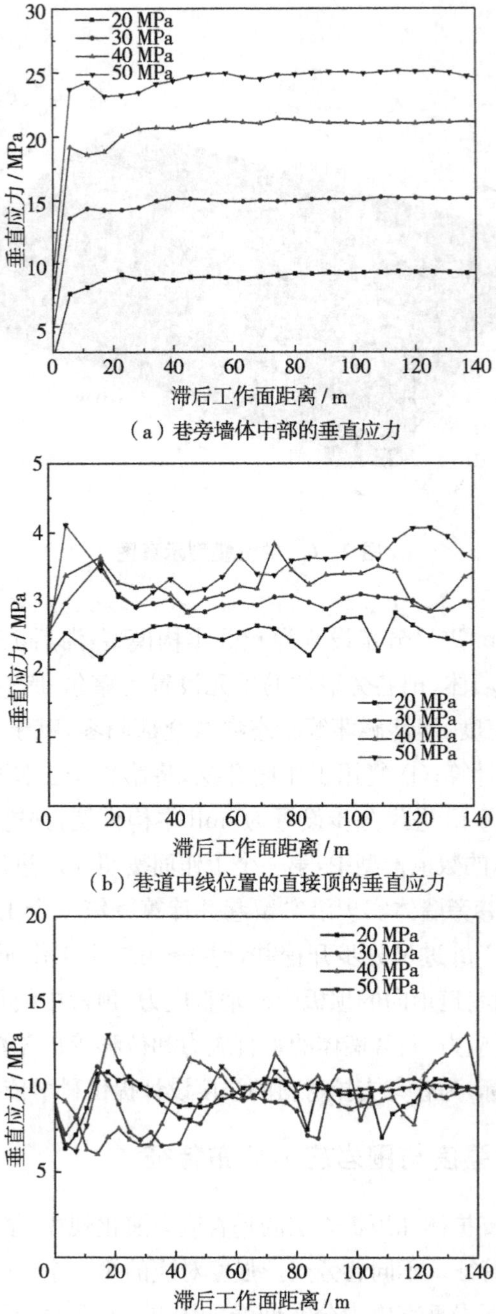

(c) 巷道中线位置的基本顶的垂直应力

图 2-7　沿巷道走向的沿空留巷围岩的垂直应力分布曲线

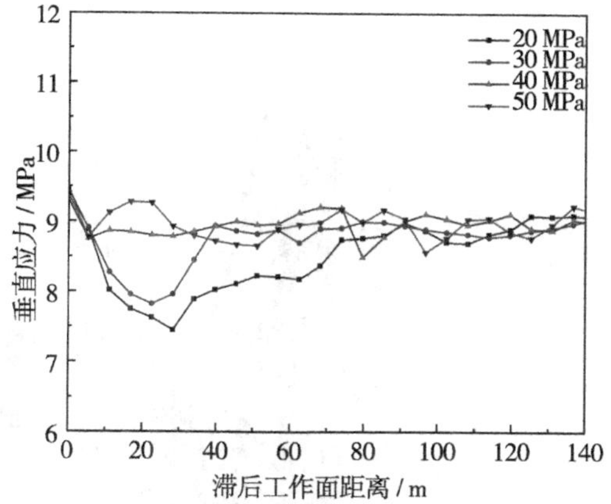

(d) 煤帮内1 m的垂直应力

图 2-7 (续)

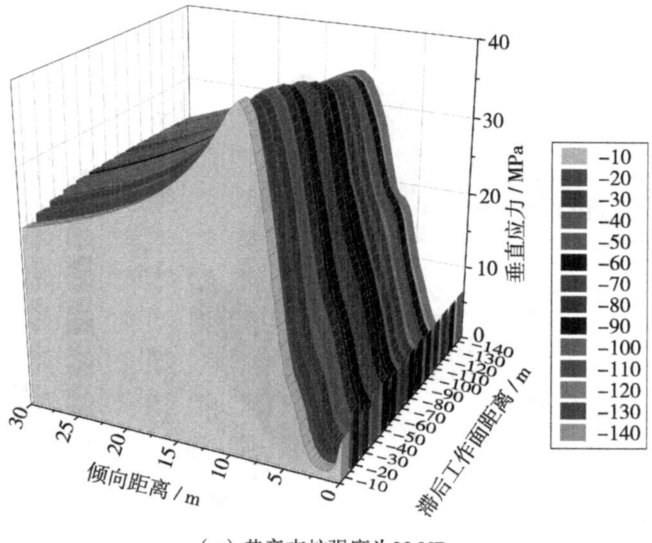

(a) 巷旁支护强度为20 MPa

图 2-8 沿空留巷顶板侧向应力分布曲面图

分析图 2-7 所示的不同巷旁支护强度对应的沿空留巷走向的围岩垂直应力分布特征得出：

(1) 受上覆岩层活动影响，沿巷道走向巷旁支护体的垂直应力具有一定的波动性，紧邻工作面的垂直应力相对较小；巷旁支护体中间位置的垂直应力随

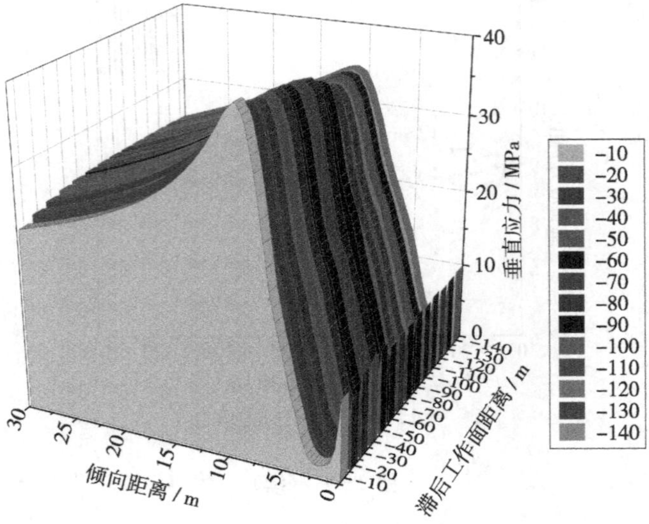

（b）巷旁支护强度为30 MPa

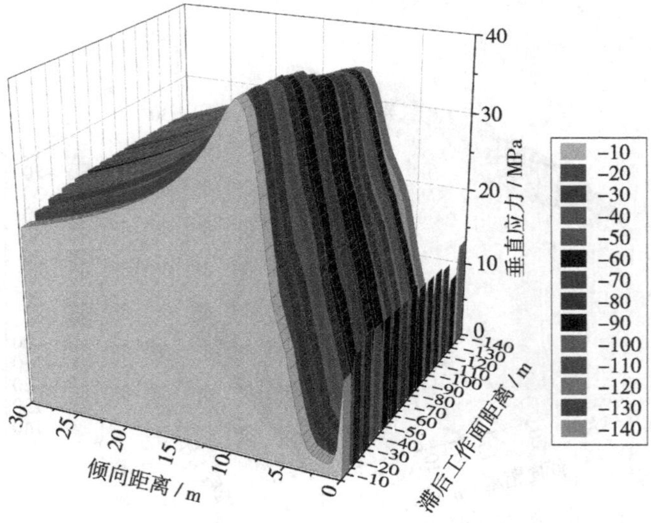

（c）巷旁支护强度为40 MPa

图 2－8 （续）

着其本身支护强度的增大而增大，巷旁支护强度 20 MPa、30 MPa、40 MPa 和 50 MPa 对应的墙体垂直应力最大值分别为 8.8 MPa、13.9 MPa、19.6 MPa 和 23.7 MPa，分别为支护材料强度的 44.0%、46.3%、49.0%和 47.4%。

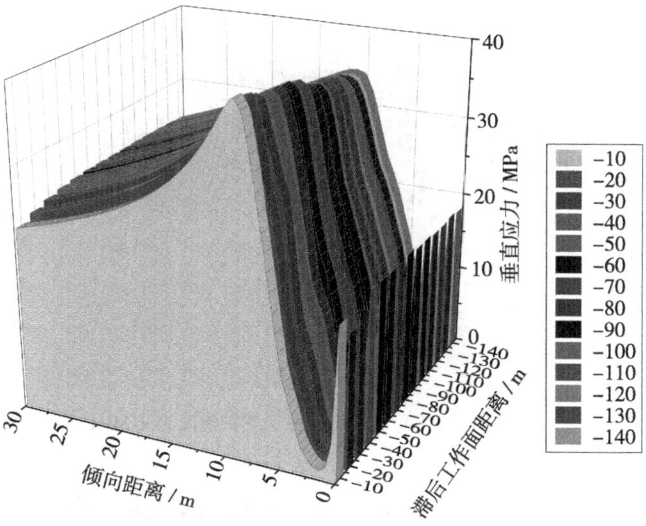

（d）巷旁支护强度为50 MPa

图 2－8　（续）

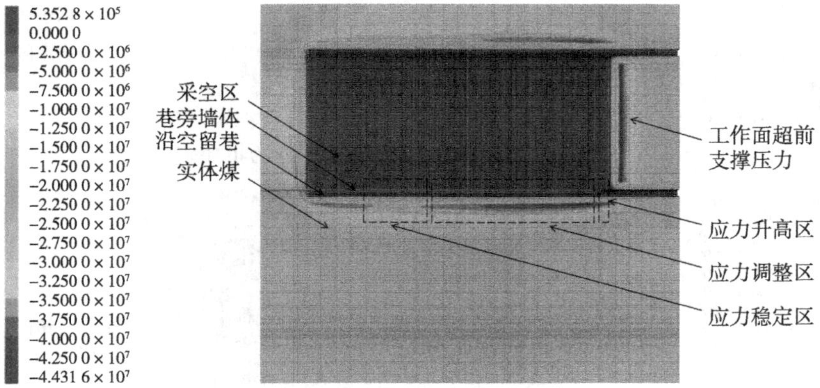

（a）垂直应力云图（支护强度为20 MPa）

图 2－9　不同巷旁支护强度对应的沿空留巷围岩的垂直应力分布云图

(2) 巷道顶板中线位置的直接顶垂直应力和基本顶垂直应力波动性均较大，沿空留巷的顶板下沉变形至稳定需要一定的过程。直接顶的垂直应力小于基本顶的垂直应力，巷旁支护强度对基本顶的垂直应力影响较小，直接顶的垂直应力随着巷旁支护强度的升高而增大。

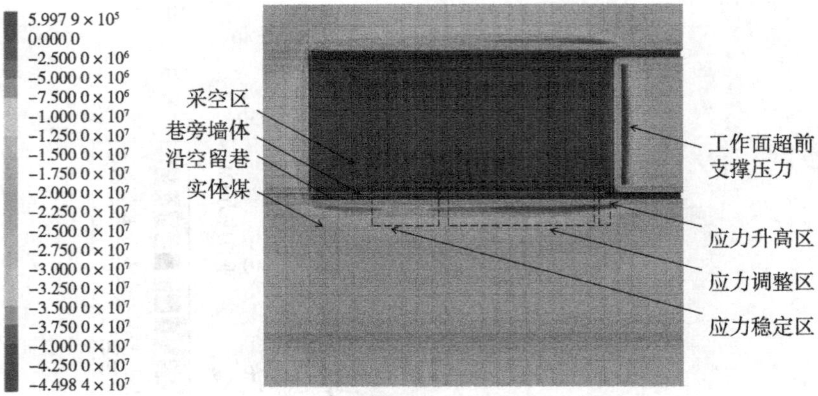

（b）垂直应力云图（支护强度为30 MPa）

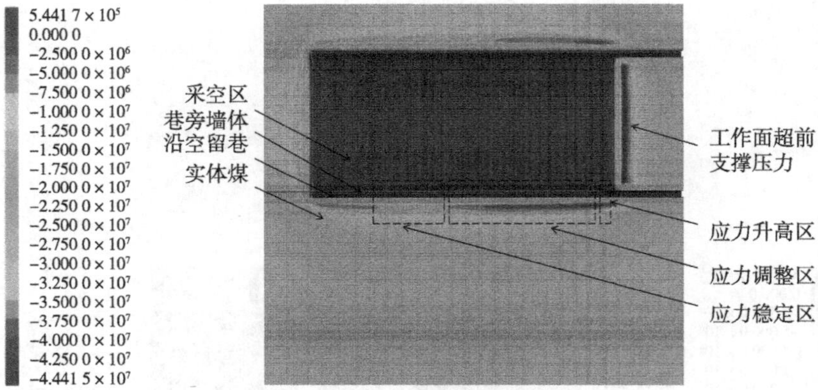

（c）垂直应力云图（支护强度为40 MPa）

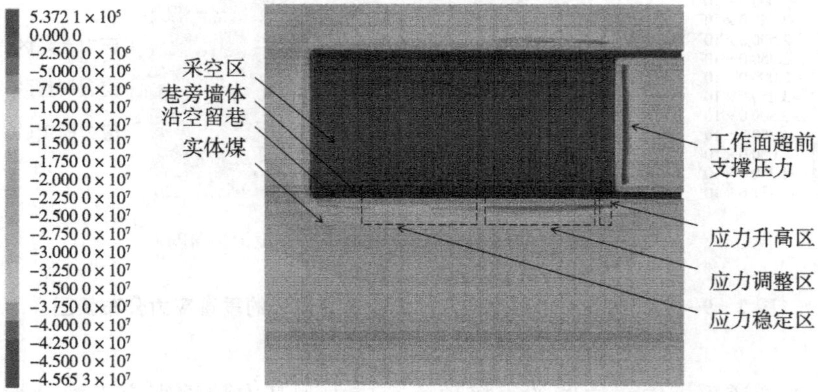

（d）垂直应力云图（支护强度为50 MPa）

图 2－9 （续）

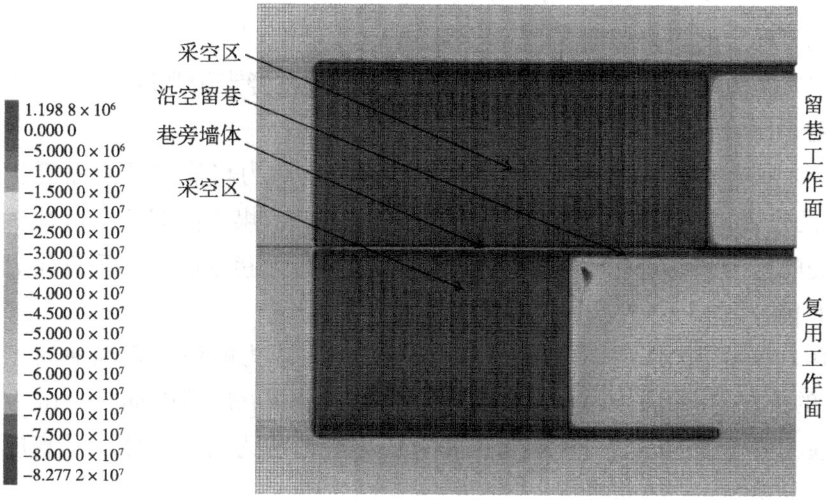

图 2-10　留巷复用阶段围岩垂直应力分布云图(以支护强度为 40 MPa 为例)

(3) 沿巷道走向方向,沿空留巷煤帮浅部围岩的垂直应力波动性较大。基本顶断裂岩块位于沿空留巷上方,该岩块下沉变形活动剧烈,煤帮浅部围岩受其活动影响,垂直应力出现较大的波动。

(4) 巷旁支护强度越大,对应煤帮浅部的垂直应力越小。巷旁支护强度越大,分担的顶板载荷越多,对应煤帮的垂直应力就越小。

分析图 2-8 和图 2-9 所示的不同巷旁支护强度对应的沿空留巷围岩垂直应力分布特征得出:

(1) 沿巷道倾向,巷旁支护体的垂直应力分布不对称,墙体靠采空区侧的垂直应力明显大于留巷侧。顶板岩层以巷旁墙体的外侧作为旋转下沉运动的一个支点,造成该位置的应力集中程度较大。

(2) 沿巷道走向,巷旁支护墙体的垂直应力逐渐增大,最后趋于稳定,工作面附近巷旁墙体的垂直应力最小。工作面端头的基本顶还未破断,顶板载荷较小;随着沿空留巷远离工作面,上覆顶板逐层垮落并作用于巷旁墙体,应力逐渐增大并随着顶板运移活动具有显著的波动性;当距离工作面较远时,顶板岩层重新达到平衡状态,应力趋于稳定。

(3) 巷旁支护强度对沿空留巷围岩的垂直应力峰值的位置影响较大,沿空留巷的顶板应力分布具有显著的区域性特征。随着远离采煤工作面,沿空留巷顶板岩层的运动逐渐稳定,最终形成稳定的支承压力[104]。巷旁支护强度越大,分担的顶板载荷越多;沿空留巷顶板的垂直应力峰值位置离工作面越近,顶板活动趋于稳定的距离越短。

(4) 煤帮垂直应力峰值的大小及侧向位置对巷旁支护强度不敏感,垂直应力峰值是原岩应力的 2.2~2.3 倍。

(5) 巷旁支护强度 20 MPa 对应的墙体垂直应力峰值出现在滞后工作面 40 m 的位置,巷旁墙体的垂直应力峰值为 8.8 MPa;煤帮内部 5.5 m 位置的垂直应力峰值为 40.1 MPa,煤帮的垂直应力峰值约为巷旁墙体的垂直应力峰值的 4.6 倍。

(6) 巷旁支护强度 30 MPa 对应的墙体垂直应力峰值出现在滞后工作面 40 m 的位置,巷旁墙体的垂直应力峰值为 13.9 MPa;煤帮内部 5.0 m 位置的垂直应力峰值为 39.9 MPa,煤帮的垂直应力峰值约为巷旁墙体的垂直应力峰值的 2.9 倍。

(7) 巷旁支护强度 40 MPa 对应的墙体垂直应力峰值出现在滞后工作面 30 m 的位置,巷旁墙体的垂直应力峰值为 19.6 MPa;煤帮内部 5.5 m 位置的垂直应力峰值为 40.4 MPa,煤帮的垂直应力峰值约为巷旁墙体的垂直应力峰值的 2.1 倍。

(8) 巷旁支护强度 50 MPa 对应的墙体垂直应力峰值出现在滞后工作面 20 m 的位置,巷旁墙体的垂直应力峰值为 23.7 MPa;煤帮内部 5.0 m 位置的垂直应力峰值为 40.7 MPa,煤帮的垂直应力峰值约为巷旁墙体的垂直应力峰值的 1.7 倍。

巷旁支护强度对沿空留巷复用阶段的围岩垂直应力分布特征影响较小,以图 2-10 所示的巷旁支护强度 40 MPa 对应的围岩垂直应力分布云图为例进行分析得出:

(1) 沿空留巷复用阶段,巷旁支护强度对工作面超前支撑压力的影响较小,垂直应力峰值均出现在超前工作面 10 m 左右。

(2) 复用工作面煤壁的超前垂直应力分布具有显著的不对称性,靠沿空留巷侧的超前垂直应力大于实体煤侧的超前垂直应力,且在留巷侧的煤壁端头出现较大的超前应力集中区,留巷侧的超前应力集中系数为 4.3,实体煤侧的超前应力集中系数为 2.6。因此,沿空留巷复用时,超前工作面的临时支护强度应比常规巷道高,且覆盖更长的范围,抵抗强矿压作用。

2.2.2　支护强度与顶板位移变化规律

在掌握巷旁支护体及沿空留巷围岩应力分布特征的基础上，进一步分析不同支护强度对应的顶底板位移变化规律。沿空留巷的顶底板垂直位移变化规律如图 2－11 所示。

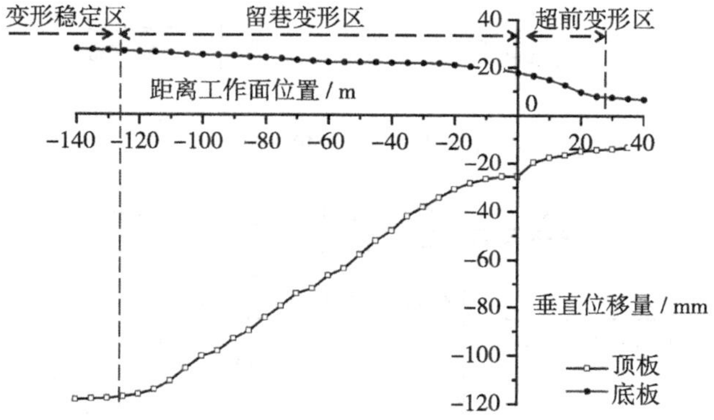

（a）巷旁支护强度为20 MPa

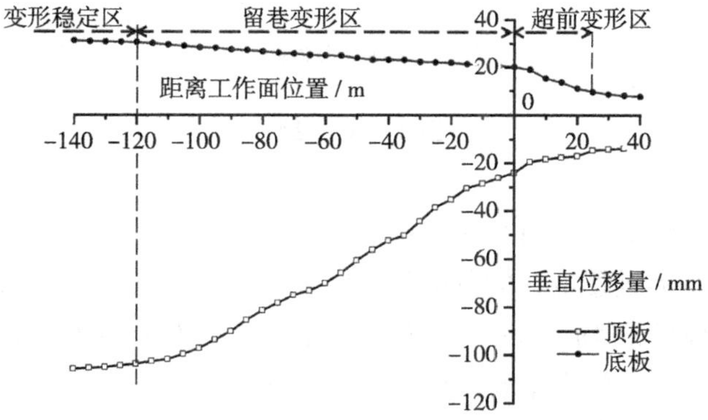

（b）巷旁支护强度为30 MPa

图 2－11　沿空留巷顶底板垂直位移的变化规律

分析图 2－11 所示的不同巷旁支护强度对应的巷道顶底板垂直位移变化规律得出：

(1) 巷旁支护强度越大，顶板下沉量越小，即巷旁支护强度对沿空留巷的顶板下沉有一定控制作用，这与已有的研究结果相吻合[105]。巷旁支护强度 20 MPa、30 MPa、40 MPa 和 50 MPa 对应的沿空留巷顶板最大下沉量分别为

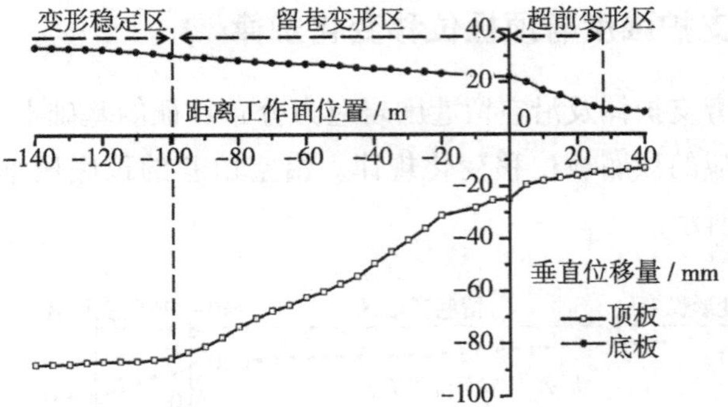

（c）巷旁支护强度为40 MPa

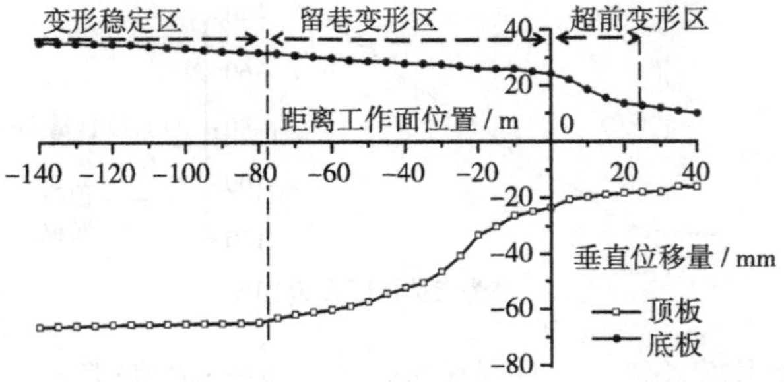

（d）巷旁支护强度为50 MPa

图 2-11 （续）

118 mm、105 mm、87 mm 和 66 mm。

(2) 工作面超前影响区的范围及顶底板变形量对巷旁支护强度不敏感，模型中的超前影响范围均为 25 m，顶板的超前变形量为 20～25 mm；底板的超前变形量约为 20 mm，沿空留巷以后的最终变形量为 36～39 mm。

(3) 工作面后方的沿空留巷顶底板变形具有明显的区域性特征，巷旁支护强度越大，留巷变形区的距离越短，即顶板岩层越快进入稳定状态[106]。巷旁支护强度 20 MPa、30 MPa、40 MPa 和 50 MPa 对应的沿空留巷顶底板垂直位移变形区的长度分别为 127 m、120 m、101 m 和 78 m。

因此，为了控制留巷顶板处于良好状态，应提高巷旁支护强度到一定水平。增加巷旁墙体的宽度、内部配筋、改善支护材料性能等都可以提高巷旁支护强度。

2.3　沿空留巷顶板控制的巷旁支护增阻效应

巷旁支护体作为沿空留巷顶板的重要支护构筑物，在计算分析和支护设计中有必要考虑其强度的时间和空间效应，否则将会高估巷旁墙体的实际支护能力。沿巷道走向方向，根据巷旁支护体具备的承载能力，将其划分为增阻阶段和承载稳定阶段。增阻阶段为墙体构建完成至达到设计的承载能力，此阶段巷旁支护体的承载性能逐渐增强；承载稳定阶段的巷旁支护体已经达到了设计的承载强度。以工作面的日推进距离表征时间因素，开发了一种适用于沿空留巷的有限差分数值模拟方法，根据工作面推进时间确定各位置巷旁墙体的强度参数。

结合本书第 6 章工业性试验的工程背景，采用单一变量控制法设计的数值模拟方案如图 2－12 所示。巷旁墙体的最终支护强度为 40 MPa，分别按照增阻速度 2 MPa/d、4 MPa/d、6 MPa/d 和 8 MPa/d，建立对应的数值模型，模拟 4 种不同增阻速度条件下的巷道围岩应力分布特征及位移变化规律，只模拟一次回采沿空留巷。

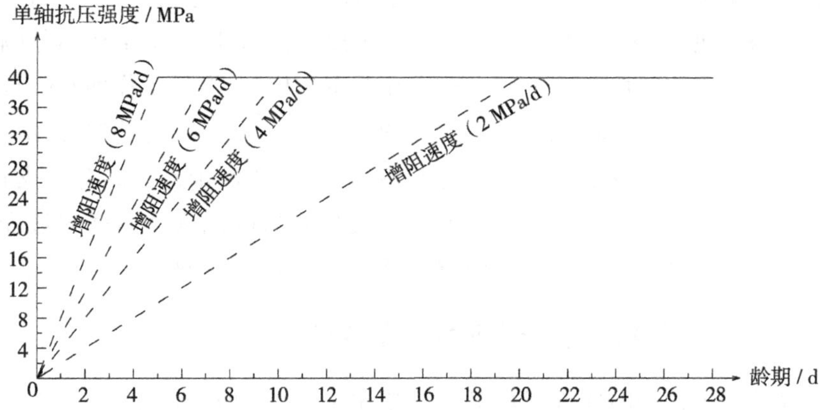

图 2－12　巷旁支护体增阻效应的数值模拟方案

按照图 2－5 所示的顶底板岩层柱状图建立的巷旁支护体增阻效应 $FLAC^{3D}$ 数值模型如图 2－13 所示，未考虑的顶板岩层在模型顶部施加等效垂直载荷，其中模型的长（X 轴）×宽（Y 轴）×高（Z 轴）＝280 m×253.5 m×54.9 m。模型共划分为 1 225 440 个网格，包含 1 287 825 个节点，采煤工作面的倾向宽度为 90 m，回采巷道沿煤层顶板掘进，宽×高=4.5 m×3.4 m，巷道底板留 1 m 煤层。巷旁墙体的宽度为 1.0 m，高度为 3.4 m，沿空留巷的宽度为 3.5 m。工作面每天回采推进 6 m，对应构筑巷旁支护墙体 6 m，滞后工作面 6 m 构筑巷旁墙体。

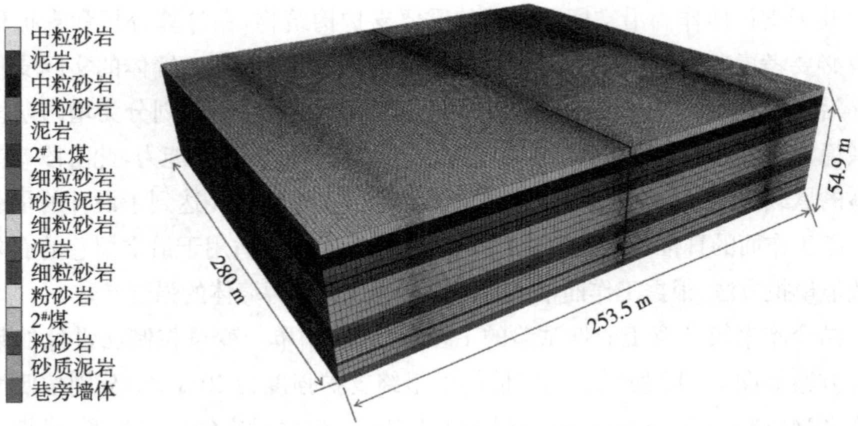

图 2-13　巷旁支护体增阻效应的数值模型

数值模型中工作面开挖以及沿空留巷的过程为：① 建立模型，初始应力平衡。② 回采巷道开挖，初始应力平衡。③ 采煤工作面开挖，将工作面范围内的煤层单元按照走向长度 6 m 分步设置为 null 本构模型；滞后工作面 6 m 设置巷旁支护墙体，把巷旁墙体的单元设置为摩尔-库仑本构模型，将其位移、应力、速度、加速度、塑性破坏等状态参数全部归零；随着工作面推进远离巷旁支护体，逐步增大其强度参数[107]，反演巷旁墙体在构建以后的强度逐渐增大过程。在参数设置时，以工作面的日推进距离表征巷旁支护体每天的强度增加量。

2.3.1　增阻速度与围岩应力分布特征

不同巷旁支护增阻速度对应的沿巷道走向沿空留巷围岩的垂直应力分布曲线如图 2-14 所示，顶板侧向应力分布曲面如图 2-15 所示，沿空留巷围岩垂直应力云图如图 2-16 所示。

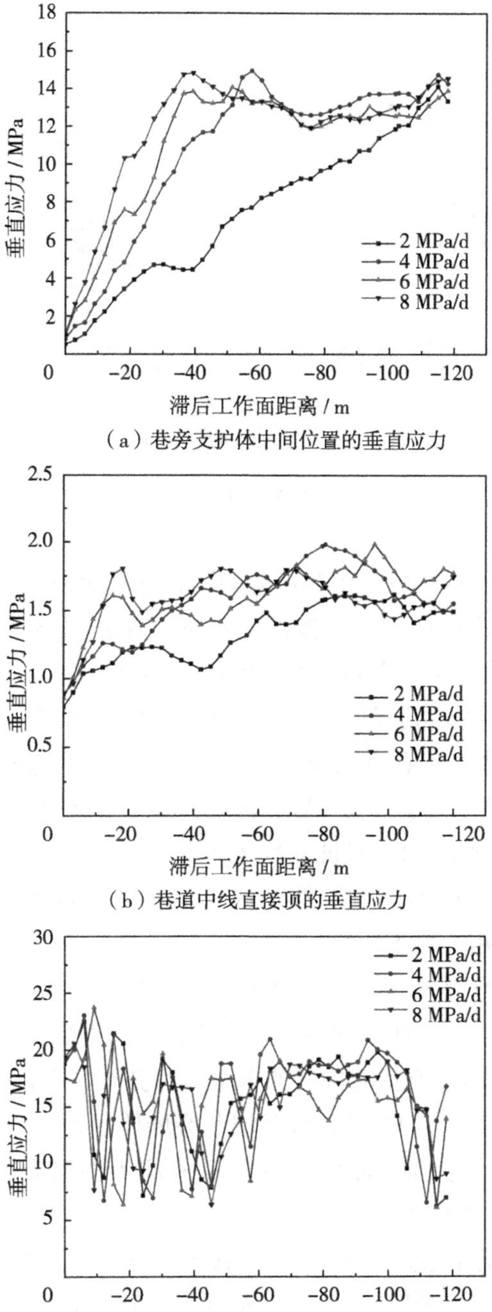

（a）巷旁支护体中间位置的垂直应力

（b）巷道中线直接顶的垂直应力

（c）巷道中线基本顶的垂直应力

图 2-14　沿巷道走向沿空留巷围岩的垂直应力分布曲线

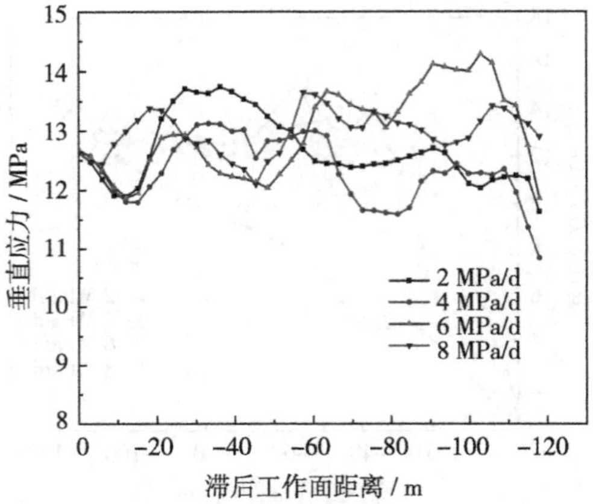

(d) 煤帮内1 m的垂直应力

图 2-14 （续）

分析图 2-14 所示的沿空留巷走向的围岩垂直应力分布特征得出：

(1) 巷旁墙体的垂直应力均按照对应的增阻速度线性递增，达到最大值 15 MPa 左右并保持稳定状态，约为巷旁支护材料强度的 37.5%。增阻速度越大，巷旁墙体垂直应力达到峰值时与工作面之间的距离越小。

(2) 巷道顶板中线位置直接顶的垂直应力均按照对应的增阻速度达到第一个峰值，之后随着顶板运动呈现一定的波动现象。基本顶的垂直应力与巷旁墙体增阻速度的相关性不明显，且波动性较大。

(3) 受采空区顶板活动影响，煤帮内 1 m 的垂直应力波动性较大，但与巷旁墙体增阻速度的相关性不明显。

分析图 2-15 所示的不同巷旁支护增阻速度对应的沿空留巷顶板侧向应力分布曲面图和图 2-16 所示的围岩垂直应力云图得出：

(1) 沿巷道走向，沿空留巷围岩的垂直应力分布具有显著的区域性特征，距离工作面一定范围为应力调整区，该区域巷旁墙体的垂直应力逐渐增大并随着顶板运移活动具有一定的波动性；煤帮的垂直应力先增大后减小并趋于稳定。距工作面较远时，围岩应力分布重新达到平衡状态。

(2) 巷旁支护的增阻速度越大，对顶板提供支撑作用的用时越短，围岩应力重新分布达到平衡状态的距离也越短，越有利于沿空留巷的顶板控制。

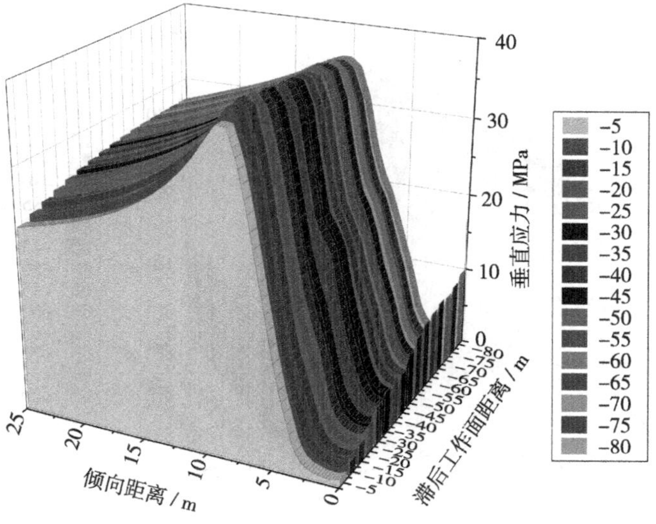

（a）增阻速度为2 MPa/d

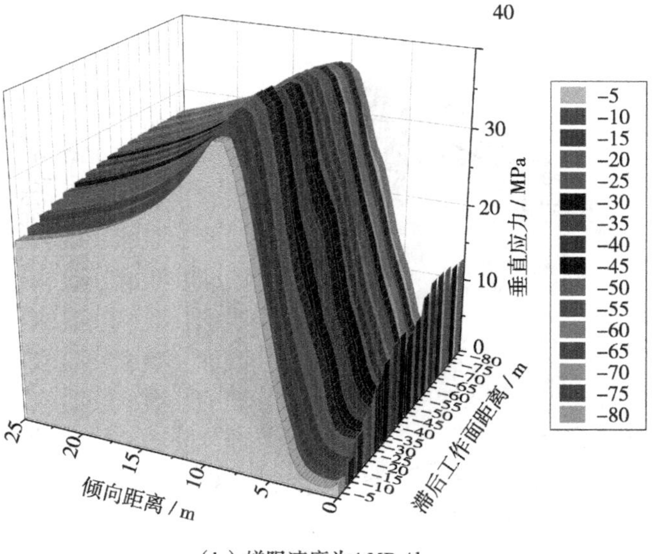

（b）增阻速度为4 MPa/d

图 2-15　不同巷旁支护增阻速度对应的顶板侧向应力分布曲面图

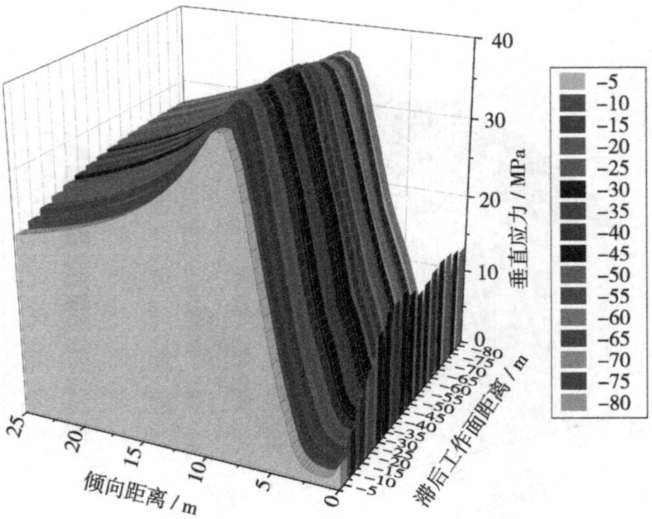

（c）增阻速度为6 MPa/d

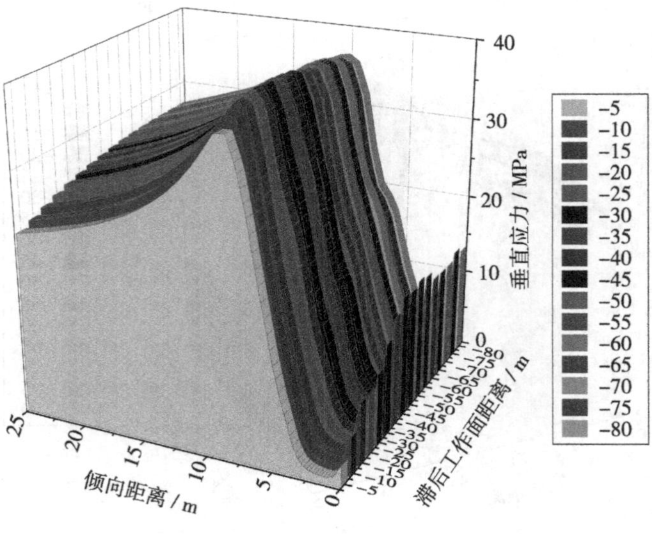

（d）增阻速度为8 MPa/d

图 2-15 （续）

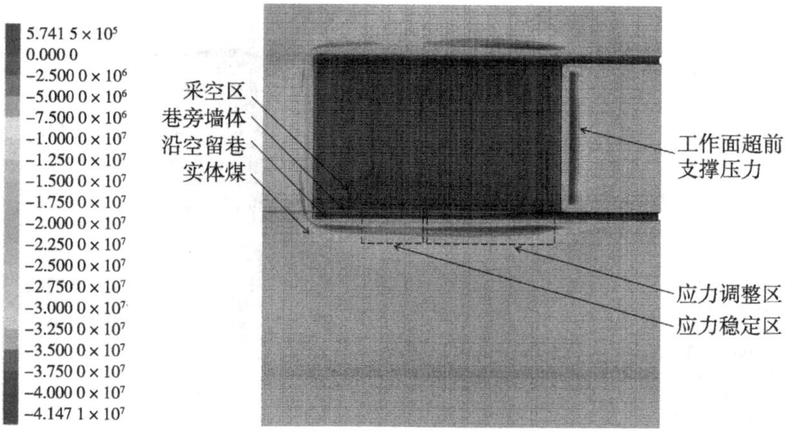

（a）增阻速度为2 MPa/d

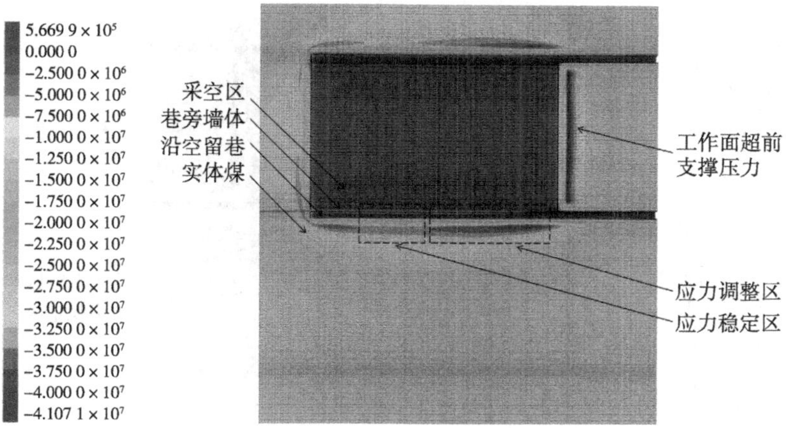

（b）增阻速度为4 MPa/d

图 2－16　沿空留巷围岩的垂直应力云图

(3) 巷旁支护的增阻速度对沿空留巷煤帮的垂直应力峰值点距离工作面的位置有较大影响，整体呈现随着巷旁支护增阻速度的增大，峰值点滞后工作面的距离逐渐增大的规律。

(4) 巷旁墙体的增阻速度对煤帮的垂直应力峰值大小及距离煤帮的位置影响较小，增阻速度 2 MPa/d、4 MPa/d、6 MPa/d 和 8 MPa/d 对应的沿空留巷均在煤帮 5.0 m 左右形成垂直应力峰值，峰值应力约为原岩应力的 2.3 倍。

(5) 当增阻速度为 2 MPa/d 时，沿巷道走向巷旁墙体的垂直应力逐渐增大，滞后工作面 80 m 时达到最大值 15.0 MPa；煤帮的垂直应力峰值滞后工作

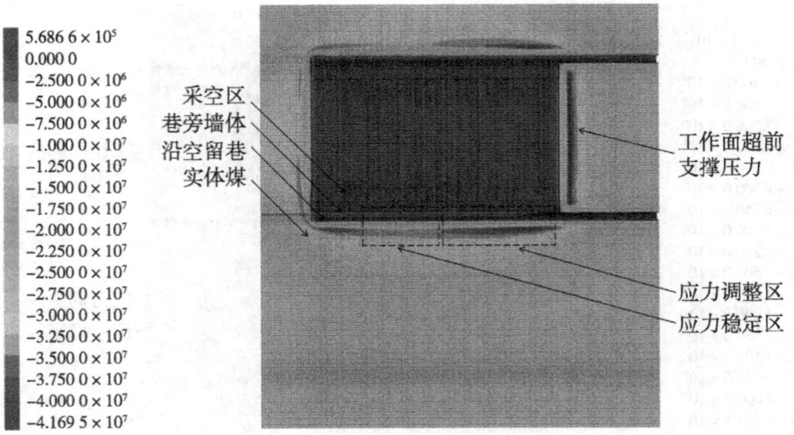

（c）增阻速度为6 MPa/d

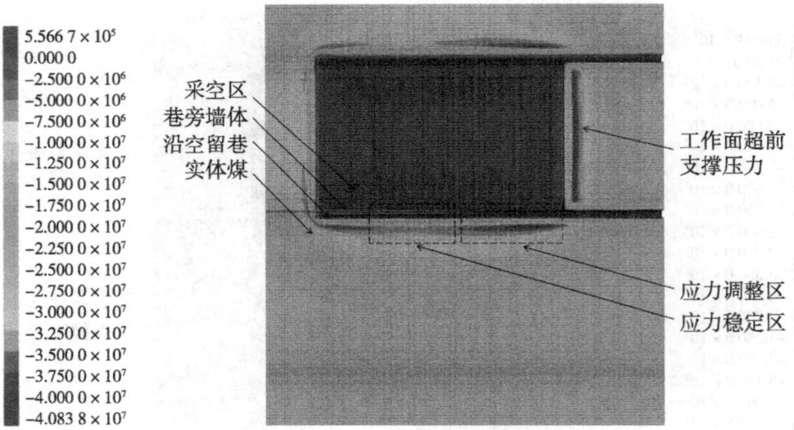

（d）增阻速度为8 MPa/d

图 2-16 （续）

面 15 m，峰值应力为 39.8 MPa，对应位置的巷旁墙体垂直应力仅为 2.5 MPa。

(6) 当增阻速度为 4 MPa/d 时，沿巷道走向巷旁墙体的垂直应力先逐渐增大、后保持稳定，滞后工作面 60 m 时达到最大值 15.1 MPa；煤帮的垂直应力峰值滞后工作面 20 m，峰值应力为 40.2 MPa，对应位置的巷旁墙体垂直应力为 8.4 MPa。

(7) 当增阻速度为 6 MPa/d 时，沿巷道走向巷旁墙体的垂直应力先逐渐增大、后保持稳定，滞后工作面 40 m 时达到最大值 15.2 MPa；煤帮的垂直应力峰值滞后工作面 25 m，峰值应力为 39.6 MPa，对应位置的巷旁墙体垂直应力为

10.5 MPa。

(8) 当增阻速度为 8 MPa/d 时，沿巷道走向巷旁墙体的垂直应力先逐渐增大、后保持稳定，滞后工作面 35 m 时达到最大值 15.7 MPa；煤帮的垂直应力峰值滞后工作面 30 m，峰值应力为 39.7 MPa，对应位置的巷旁墙体垂直应力为 11.5 MPa。

2.3.2　增阻速度与顶板位移变化规律

不同巷旁支护增阻速度对应的沿空留巷顶板位移变化规律如图 2 - 17 所示。分析得出：

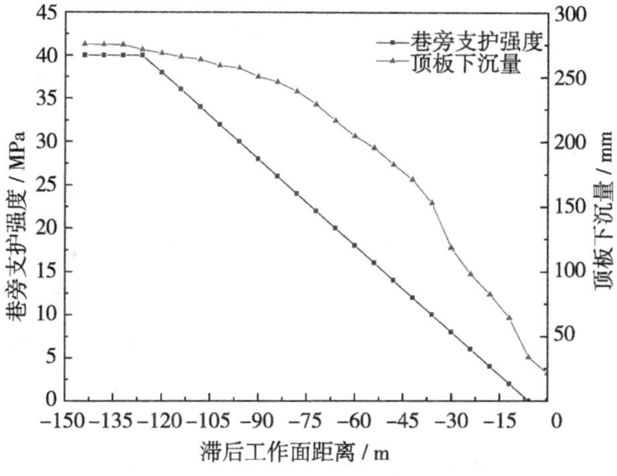

(a) 增阻速度为2 MPa/d

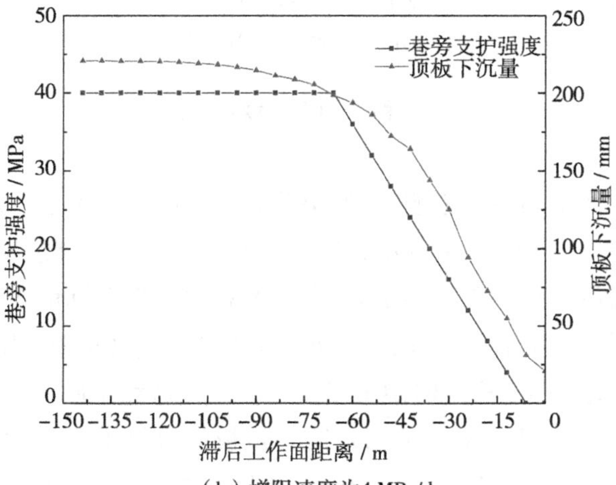

(b) 增阻速度为4 MPa/d

图 2 - 17　不同增阻速度对应的沿空留巷顶板位移的变化规律

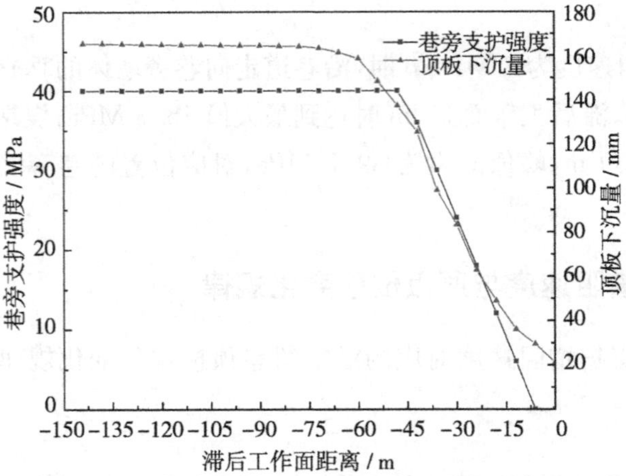

(c) 增阻速度为6 MPa/d

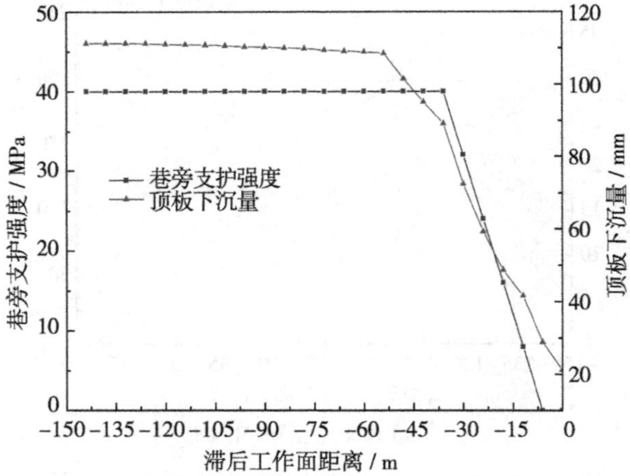

(d) 增阻速度为8 MPa/d

图 2－17 (续)

(1) 受工作面采动超前影响,开始留巷时顶板已经发生了一定的下沉变形,下沉量为 20.8～21.5 mm,沿空留巷顶板变形在此基础上继续发展。

(2) 随着滞后工作面距离的增大,沿空留巷的顶板下沉量逐渐增大,最后趋于稳定。虽然巷旁支护的最终强度相同,但受增阻速度影响,沿空留巷顶板的下沉量、下沉速度和趋于稳定时距离工作面的位置截然不同。

(3) 增阻速度 2 MPa/d 对应沿空留巷顶板的最终下沉量为 275.2 mm,滞后工作面 114 m 时,顶板变形趋于稳定。滞后工作面 0～54 m 范围的下沉速度较快，距离工作面 54 m 时的顶板下沉量已经达到最终下沉量的 71.0%(195.3 mm)。

(4) 增阻速度 4 MPa/d 对应沿空留巷顶板的最终下沉量为 220.7 mm，滞后工作面 96 m 时，顶板变形趋于稳定。滞后工作面 0～42 m 范围的下沉速度较快，距离工作面 42 m 时的顶板下沉量已经达到最终下沉量的 74.4%(164.1 mm)。

(5) 增阻速度 6 MPa/d 对应沿空留巷顶板的最终下沉量为 165.5 mm，滞后工作面 72 m 时，顶板变形趋于稳定。滞后工作面 0～36 m 范围的下沉速度较快，距离工作面 36 m 时的顶板下沉量为最终下沉量的 59.8%(98.9 mm)。

(6) 增阻速度 8 MPa/d 对应沿空留巷顶板的最终下沉量为 111.3 mm，滞后工作面 54 m 时，顶板变形趋于稳定。滞后工作面 0～30 m 范围的下沉速度较快，距离工作面 30 m 时的顶板下沉量达到最终下沉量的 53.3%(59.3 mm)。

综合分析沿空留巷的围岩应力和顶板变形情况得出，巷旁支护体的增阻速度越慢，其具备特定初撑力时滞后工作面的距离越大，此时巷道顶板已经发生了一定的有害变形，对后期顶板维护不利。巷旁支护体的初撑力越高，顶板的整体下沉量越小，越有利于顶板控制。因此，为了控制顶板出现较大的变形，巷旁支护应选用增阻速度快、后期强度较高的材料。

2.4　基于顶板活动分区特征的巷旁支护作用机理

上覆顶板岩层的运动过程是影响沿空留巷围岩稳定的根本原因。长壁工作面顶板破断特征分析和沿空留巷围岩稳定性的强度效应、增阻效应研究均已表明，由于工作面顶板周期来压的“O”形破断特征和边界支撑效应，基本顶首先发生的是弧形破坏，并在工作面端头形成如图 2－18 所示的弧形岩体。随着“X”形破断特征的出现，弧形岩体在采空区边缘和沿空留巷上方形成了弧形三角岩块 B，并由“悬臂梁”逐渐发展为“砌体梁”结构。随着回采继续推进，顶板岩层不断活动，工作面端头又形成了弧形岩体，如此反复。

弧形岩块位于采空区边缘，对沿空留巷的顶板结构是否稳定起到关键性作用。根据覆岩垮落特征，顶板岩层的运动过程包括直接顶垮落、基本顶周期破断、基本顶弧形块二次破断等[108-109]。依据沿空留巷的围岩应力和位移演化特征，沿巷道走向把沿空留巷的顶板运移活动依次划分为发展区、活跃区和稳定

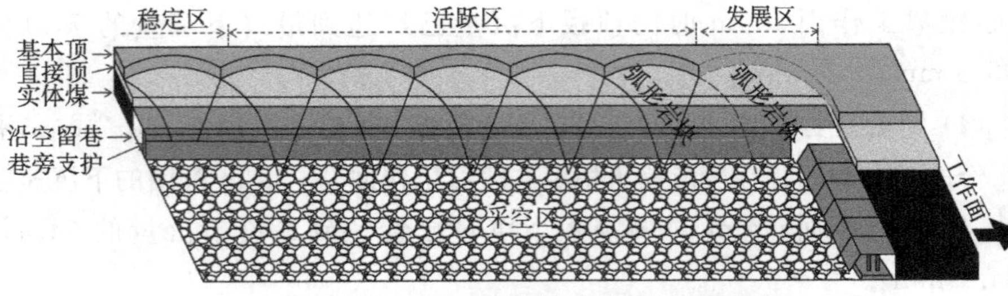

图 2-18　沿空留巷顶板活动分区示意图

区，各区的分布范围根据现场矿压观测确定。

采用墙式巷旁支护沿空留巷时，工作面移架后须立即构筑巷旁支护墙体。从煤壁位置朝采空区方向，沿空留巷的顶板会依次经历工作面支架支撑阶段→巷旁支护体构筑空顶阶段（接顶前）→巷旁支护体增阻支撑阶段（接顶后）→巷旁支护体稳定支撑阶段。巷旁支护体会经历采空区覆岩变形垮落再稳定的全部过程[110]。因此，巷旁支护体提供的支撑强度及工作状态应该与顶板回转下沉运动相互协同。巷旁支护体受力的大小主要取决于顶板压力的大小，所受载荷在支护体顶部的分布状态则取决于接顶情况和顶板形态。

综合前文研究结果，分别从沿空留巷顶板运移活动的发展区、活跃区和稳定区，分阶段分区域阐明沿空留巷的巷旁支护作用机理。

2.4.1　发展区

工作面端头的直接顶处于自由状态，基本顶弧形岩体受到煤壁支撑未发生破断，基本顶自重及其上覆岩层载荷分布到周围实体煤，顶板活动相对较小，为沿空留巷顶板运移的“发展区”。沿巷道走向，发展区的范围为工作面煤壁至前一次周期来压位置，随着工作面推进而动态变化，最大分布长度为一个周期来压步距。建立如图 2-19 所示的巷旁支护体初期支撑强度与直接顶结构模型[111-112]，分析巷旁支护体初期强度对直接顶岩层稳定性的影响。

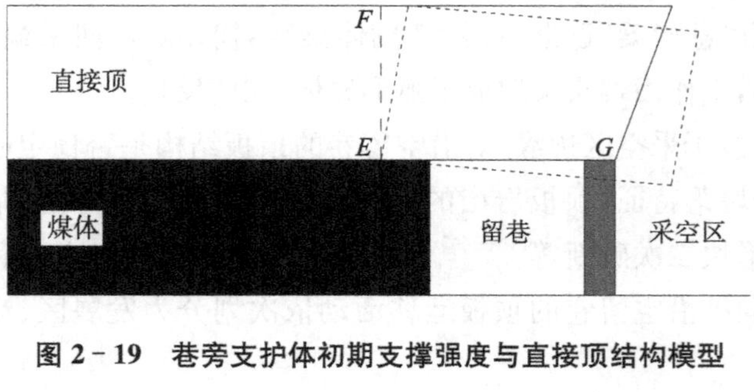

图 2-19　巷旁支护体初期支撑强度与直接顶结构模型

如果巷旁支护体具有较高的初撑强度，直接顶会在靠近巷旁支护体采空侧的 G 点发生断裂，留巷直接顶在实体煤和巷旁支护体的支撑作用下处于固支状态，有利于保持其整体稳定。如果巷旁支护体的初期支撑强度不足，留巷前期的直接顶已经在煤帮上方沿着 EF 断裂，并以 E 点为基点向采空区回转变形，使留巷直接顶的整体稳定性受到破坏。

相较于其他阶段，留巷初期是顶板支护的薄弱地带[113]。巷旁支护体作为支撑顶板和隔离采空区的重要结构体，首先要求其全方位接顶并具有较快的增阻速度，在弧形岩体下方的端头区域即具备一定的初期支撑能力，及时支撑留巷的直接顶岩层，避免直接顶和基本顶离层而破碎，同时要给上覆形成“砌体梁”结构的基本顶岩层以作用力，用以平衡其部分载荷，抑制基本顶沿煤帮发生切顶和大量的下沉变形[114]。

2.4.2　活跃区

滞后工作面一定距离，基本顶由“悬臂梁”逐渐发展为“砌体梁”，弧形岩块二次破断引起对留巷围岩的扰动和顶板回转下沉，顶板活动相对剧烈，为沿空留巷顶板运移的“活跃区”。沿巷道走向，活跃区的范围为工作面前一次周期来压位置至巷道围岩变形趋于稳定的位置，分布长度根据矿压观测结果确定。破断岩块的下沉迫使直接顶变形，把基本顶及其上覆载荷传递到巷旁支护体，对留巷围岩造成动压影响，支护体受到的载荷增大。若巷旁支护体由于支撑力不足而在动压作用下被压裂破坏，可能会导致基本顶回转失稳或导通采空区，沿空留巷顶板的控制难度增大。

理论研究及生产实践均已表明，沿空留巷围岩控制的主要目标是控制顶板下沉量。顶板下沉幅度越大，留巷围岩受到的采动影响越剧烈，减少顶板下沉量有利于沿空留巷围岩稳定。煤层开采以后，沿工作面走向和倾向的上覆岩层下沉曲线服从负指数函数关系[115]。沿空留巷位于长壁采场的倾向边缘，巷旁支护强度并不能改变上覆岩层的总体活动规律。因此，沿空留巷围岩的“小结构”支护必须与覆岩“大结构”相适应。

巷旁支护强度与沿空留巷顶板下沉量的关系在一定程度上反映了巷旁支护体与顶板岩层的相互作用过程。根据顶板岩层的运动特征，建立如图 2 - 20 所示的覆岩移动与沿空留巷顶板下沉运移模型[116]，分析基本顶在巷旁支护体位置的下沉量。

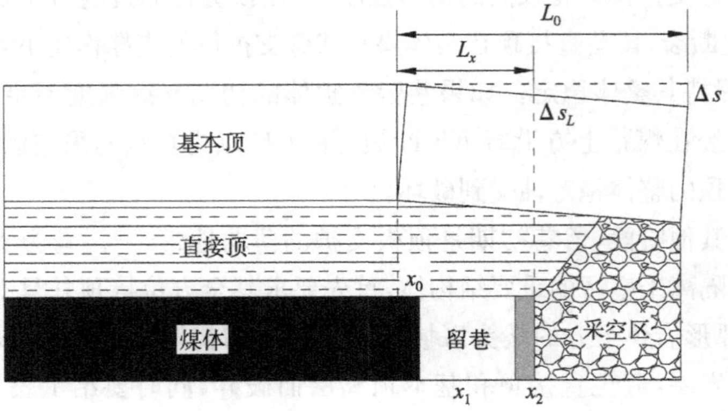

图 2-20　覆岩移动与沿空留巷顶板下沉运移模型示意图

图 2-20 中，L_x 为基本顶断裂位置与巷旁支护体采空区边缘之间的距离；L_0 为沿空留巷上方基本顶的断裂长度，该值可通过地表岩移观测获得，为上覆岩层移动曲线中前曲率最大点到后曲率最大点之间的距离；Δs 为基本顶断裂岩块在采空区的下沉量；Δs_L 为基本顶断裂岩块在巷旁支护体位置的下沉量；x_0 为基本顶断裂位置与煤帮之间的距离，即煤帮发生塑性破坏的范围；x_1 为沿空留巷的宽度；x_2 为巷旁支护体的宽度。

假设直接顶岩层的厚度为 $\sum h$，初始碎胀系数为 K，重新压实以后的残余碎胀系数为 K_0，煤层厚度为 M，则基本顶断裂岩块在采空区的下沉量 Δs 为：

$$\Delta s = \sum h + M - K_0 \cdot \sum h \tag{2-1}$$

$$\sum h = \frac{M}{K-1} \tag{2-2}$$

由相似关系得：

$$\frac{\Delta s}{\Delta s_L} = \frac{L_0}{L_x} \tag{2-3}$$

则沿空留巷上覆基本顶在巷旁支护体位置的下沉量 Δs_L 为[117-118]：

$$\Delta s_L = \frac{L_x}{L_0}\left(\sum h + M - K_0 \cdot \sum h\right) = \left(\frac{K-K_0}{K-1}\right) \cdot \frac{1}{L_0} \cdot M \cdot L_x \tag{2-4}$$

定义顶板下沉系数 η，其计算式为[119]：

$$\eta = \left(\frac{K-K_0}{K-1}\right) \cdot \frac{1}{L_0} \tag{2-5}$$

则式(2-4)可以进一步简化为：

$$\Delta s_L = \eta \cdot M \cdot L_x \tag{2-6}$$

在巷旁墙体与围岩支护体系中，将巷旁墙体和直接顶岩层视为具有不同刚度的可变形体。假设巷旁墙体与围岩体系的总变形量为 Δs_L，巷旁墙体与直接顶的变形量分别记为 Δs_w 和 Δs_r，巷旁墙体的刚度记为 U_w，直接顶岩层的刚度记为 U_r，则有[96]：

$$\frac{U_w \cdot U_r}{U_w + U_r} = U_w \cdot \Delta s_w = U_r \cdot \Delta s_r \tag{2-7}$$

令 $U_r/U_w = n$，则 $\Delta s_w/\Delta s_L = n/(1+n)$，$\Delta s_w/\Delta s_L$ 与 n 的关系曲线如图 2-21 所示。

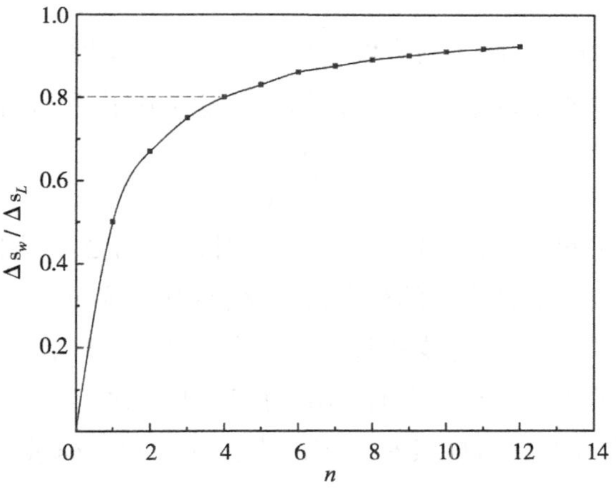

图 2-21 $\Delta s_w/\Delta s_L$ 与 n 的关系曲线

分析图 2-21 可知，巷旁墙体的变形在支护系统总变形中所占的比重，取决于直接顶刚度与巷旁墙体刚度之比的相对大小。巷旁墙体的刚度相对直接顶越小，则其变形量越大。

当 $\Delta s_w/\Delta s_L > 0.8$ 时，巷旁支护系统的变形主要来源于巷旁墙体的变形，则巷旁墙体的刚度特性决定了支护系统的总体力学特性。

当 $\Delta s_w/\Delta s_L < 0.2$ 时，巷旁支护系统的变形主要来源于直接顶的变形，则直接顶的刚度特性决定了支护系统的总体力学特性。

当 $0.2 \leqslant \Delta s_w/\Delta s_L \leqslant 0.8$ 时，巷旁支护系统的变形来源于直接顶和巷旁墙体的共同变形，则巷旁支护系统刚度由直接顶的刚度和巷旁墙体的刚度共同决定。

由此可见，巷旁墙体的受力状况、工作状态及顶板下沉量决定于巷旁墙体与直接顶刚度的相对大小。

当$U_r/U_w>4$时，巷旁支护围岩体系的变形量主要由巷旁墙体承担，因此，可以把直接顶视为似刚性体。此时，巷旁墙体的工作状态为“给定变形”，即基本顶的“给定变形”经直接顶全部传递到巷旁墙体。因此，顶板的下沉量由基本顶的回转量决定。

当$U_r/U_w<0.25$时，巷旁墙体和围岩体系的变形量主要由直接顶来承担，相比之下，可以视直接顶的刚度为零。此时基本顶的“回转变形压力”被直接顶的变形所吸收，巷旁墙体所承受的载荷为直接顶的重量，巷旁墙体处于“给定载荷”的工作状态。

当$0.25\leqslant U_r/U_w\leqslant 4$时，巷旁墙体和围岩体系的变形量由直接顶和巷旁墙体共同分配。在这种情况下，巷旁墙体的变形量与其刚度之间的关系为[96]：

$$\Delta s_w=\frac{U_r}{U_r+U_w}\Delta s_L \tag{2-8}$$

分析式(2-8)可知，在基本顶位态一定时，U_w与Δs_w之间具有双曲线关系。即随着巷旁支护墙体刚度的增大，其承载能力增强，顶板的下沉量减小。

综合上述分析可知，巷旁支护体的工作状态处于“给定变形”还是“给定载荷”，是由直接顶刚度和巷旁支护体刚度的相对变化决定的。当巷旁支护体处于“给定变形”工作状态时，应具有一定的支护强度和可缩量；当巷旁支护体处于“给定载荷”工作状态时，应具有足够的支护强度和结构稳定性。

2.4.3 稳定区

滞后工作面的距离较远时，顶板岩层活动趋于稳定，围岩初步形成了平衡状态，顶板下沉变形和垮落已经稳定，为沿空留巷顶板运移活动的“稳定区”。沿巷道走向，稳定区的分布范围为巷道围岩稳定以后的沿空留巷区域。此阶段的巷旁支护体只需要维持弧形岩块二次断裂以后的静压载荷，要求其承载及结构等性能具有长期稳定性，适应沿空留巷及复用过程的服务安全。

沿空留巷的服务时间长，围岩变形具有各阶段逐渐演化的特征，即后一阶段围岩在前一阶段变形的基础上继续变形。一旦初期控制不好，围岩应力环境逐渐恶化，变形程度越发剧烈，顶板控制难度增大。因此，巷旁支护体的增阻及承载性能、压缩变形应该与顶板岩层不同阶段的活动过程相互协同，各阶段的支撑强度需大于其所在位置的顶板载荷，有效控制顶板实现安全沿空留巷。

综上所述，巷旁支护体和顶板的关系实质上就是要分析材料性能、支护结构对巷旁支护体承载和顶板运移的影响，以及在顶板不同活动阶段巷旁支护体呈现什么工作状态，进而分析巷旁支护体应该具有的合理结构与参数。因此，根据工程实践的需求牵引，开发一种材料来源广泛、高强及时支护、结构稳定、施工便捷、适应性强的沿空留巷巷旁支护材料与顶板控制技术，依然是煤炭生产过程中需要解决的重要课题。

2.5　本章小结

本章采用理论分析和数值模拟相结合的研究方法，掌握了巷旁支护强度效应和增阻效应对沿空留巷顶板安全控制的影响机制，揭示了基于顶板活动分区特征的沿空留巷巷旁支护作用机理，为巷旁支护材料选择和结构参数设计奠定了理论基础。小结如下：

(1) 沿空留巷的围岩小结构由煤帮、巷旁支护体及顶板岩层组成，围岩结构形态取决于基本顶断裂岩块的运动，沿空留巷顶板的主要失稳形式为切落、回转、破断(垮冒)和冒落。

(2) 巷旁支护发挥支撑顶板和隔离采空区的作用，是影响沿空留巷顶板活动特征的关键因素。沿空留巷巷旁支护的承载分析和结构设计，应考虑支护体施工和强度性能的时间和空间效应，否则会高估巷旁墙体的实际支护能力，或者墙体宽度大而实际支护能力不高。

(3) 巷旁支护强度越大，沿空留巷的顶板下沉量越小，顶板岩层越快达到平衡状态。数值模拟得出巷旁支护强度 20 MPa、30 MPa、40 MPa 和 50 MPa 对应的沿空留巷顶板下沉量分别为 118 mm、105 mm、87 mm 和 66 mm。

(4) 巷旁支护体的增阻速度越慢，其具备一定初撑力时滞后工作面的距离越大，此时巷道顶板已经发生了有害变形，不利于后期顶板维护。巷旁支护的初撑力越高，沿空留巷的顶板下沉量越小。数值模拟得出巷旁支护的增阻速度 2 MPa/d、4 MPa/d、6 MPa/d 和 8 MPa/d 对应的沿空留巷顶板下沉量分别为 275.2 mm、220.7 mm、165.5 mm 和 111.3 mm。

(5) 沿空留巷的顶板变形具有明显的区域性特征，沿巷道走向把沿空留巷的顶板运移活动依次划分为发展区、活跃区和稳定区。发展区的巷旁支护体应全方位接顶并具有较快的增阻速度，尽早提供支撑作用，避免直接顶和基本顶离层；活跃区的巷旁支护体不能改变上覆岩层的总体活动规律，在抵抗动压影响的同时，应具备一定的可缩量，适应基本顶的“给定变形”；稳定区的巷旁支护体应具有高强承载及结构长期稳定性，适应沿空留巷及复用过程的服务安全。

(6) 巷旁支护材料的承载性能应该与沿空留巷顶板不同阶段的活动过程动态协同，具有快速增阻、高强稳定和适当可缩变形等性能。

第 3 章 快速增阻高强稳定堆喷支护材料研发及其适应性研究

巷旁支护材料性能及结构参数应该适应沿空留巷顶板岩层的运移规律，只有这样才能使巷旁支护设计的安全经济合理。本章提出一种安全高效构筑巷旁支护结构体的堆喷筑墙方法，研发支撑该工艺方法的堆喷混凝土外加剂，保障巷旁支护结构体的快速构筑和承载性能。通过实验室单轴抗压强度测试和扫描电子显微镜（SEM）微观形貌分析，掌握堆喷试件发生结构破坏时的载荷大小及破坏形式，保障堆喷巷旁支护体能够适应沿空留巷顶板控制的载荷及位态，为沿空留巷顶板控制提供材料支撑。

3.1 安全高效堆喷技术

堆喷技术（Heap Spraying Technology）是一种适用于煤矿井下的安全高效构筑支护结构体的新型方法，其工艺是将预拌混合料通过远距离大流量混凝土喷射机，快速高压输送至受喷面，按照设计的支护方案，通过控制喷头的运移轨迹逐层堆叠构筑支护结构体[90]。堆喷成型不需要预制和安装模板，依托堆喷材料的高黏附性和快速凝结硬化特性直接成型[14]。

堆喷技术流程如图 3-1 所示，生产系统示意图如图 3-2 所示。

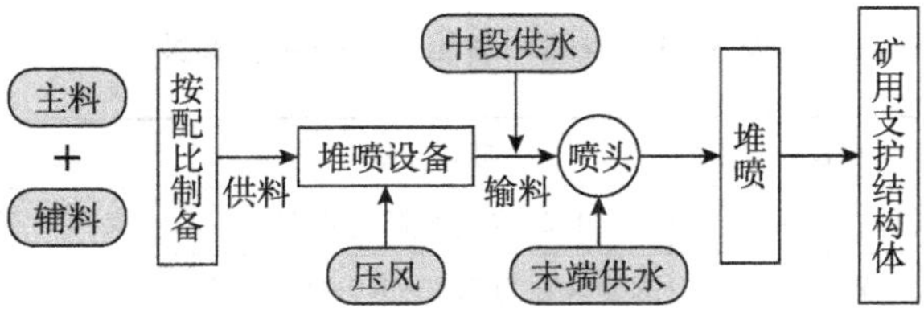

图 3-1 堆喷技术流程图

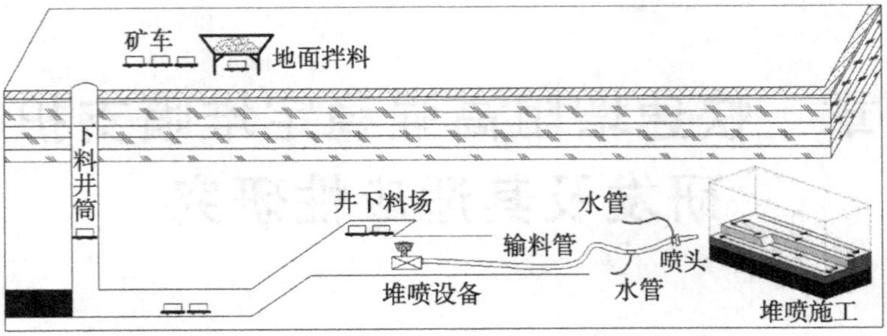

图 3-2 堆喷生产系统示意图

堆喷技术与普通喷射混凝土方法有本质区别。普通喷射混凝土一般用于薄层衬砌封闭,防止风化,喷层厚度小于 150 mm[120],可视为形成"二维"的薄封闭层。另外,普通喷射混凝土还存在早期强度低、后期强度倒缩、不能作为承重支护结构体、回弹高等问题[92]。堆喷技术解决了传统喷射混凝土支护技术的上述问题,同时突破了浇筑法构筑混凝土支护结构体的局限。

如图 3-2 所示,堆喷构建巷旁支护体实现沿空留巷的基本工序包括拌料系统、运料系统和堆喷系统。拌料系统在地面实现,即在地面按比例定量配置好堆喷料。运料系统是通过下料孔或矿车将拌制均匀的堆喷料运输到煤矿井下的料场,井下料场无特殊要求,只需要满足临时存储当班使用的堆喷料和放置堆喷设备即可。堆喷系统是将料场的堆喷料加入堆喷设备的料斗,通过压风驱动经管路输送到拟构筑支护结构体的地点,并由输料管路终端的喷头快速高压喷出,紧跟工作面安全高效地堆喷构建巷旁支护体。

堆喷技术所用的支护结构材料为水泥、砂子、石子、堆喷外加剂(S2)和水,其中水泥、砂子、石子为堆喷主料,S2 为堆喷辅料。支护结构体的设计强度等级为 C40。堆喷料各组分的作用及参数见表 3-1。

表 3-1 堆喷料各组分的作用及参数

组分名称	材料名称	材料参数	功能
堆喷主料	水泥(P·O 42.5)	425# 普通硅酸盐水泥	胶凝材料
	砂子	细度模数为 2.6～3.0 的天然砂	细骨料
	石子	粒径为 5～10 mm 的碎石	粗骨料
堆喷辅料	堆喷外加剂(S2)	无机多功能复合料	支护结构材料制备的关键掺料
	水	洁净且 pH 值为 6～8	拌和作用

堆喷成型方法如图 3-3 所示，堆喷混凝土构筑支护结构体仅需一台矿用混凝土喷射机。当堆喷料拌和均匀后，上料至堆喷设备，利用压风沿管路输料，并与水混合后形成快速高压的喷射流。控制喷头做连续不断的螺旋状圆周运动，螺旋直径为 20～30 cm，后一圈覆盖前一圈的 1/3，堆喷路线呈“S”形运移，由内而外、自下而上逐层堆叠构筑支护结构体。堆喷料受到喷头出口压力和速度的连续冲击，无须支模和振捣也能得到压密与成型[14]。堆喷构建支护结构体的接顶成型过程如图 3-4 所示。

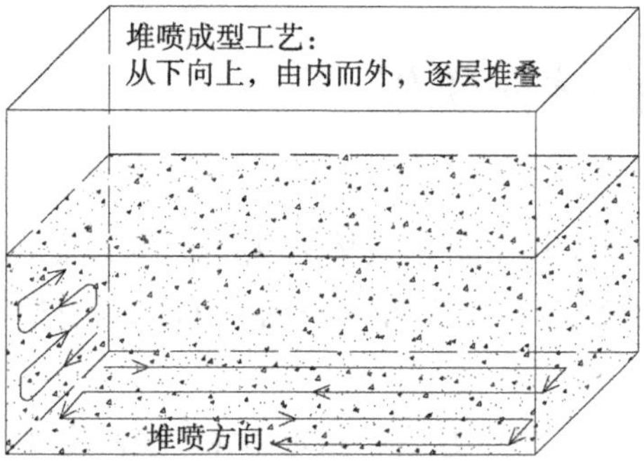

图 3-3 堆喷成型方法示意图

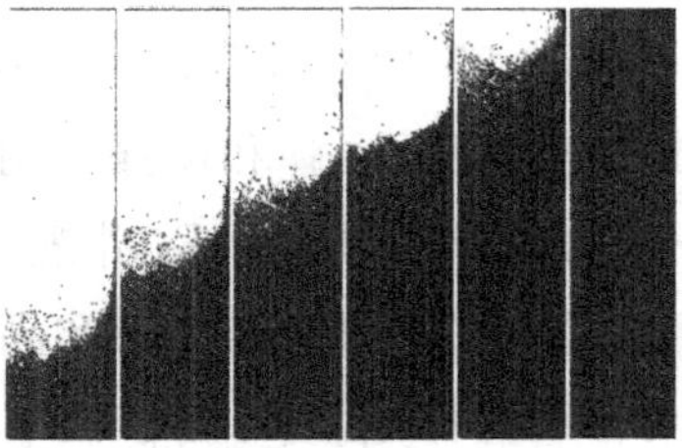

图 3-4 堆喷构建支护结构体的接顶成型过程示意图

堆喷构建矿用支护结构体的方法具有以下技术特点：

(1) 堆喷工艺无须支模和振捣，支护结构体全方位接顶，巷道断面及一次构筑厚度不受限制；

(2) 堆喷材料具有高黏附性与和易性，降尘封水，无须养护，回弹率小于 5%；

(3) 支护结构体增阻快且后期强度不倒缩，终期强度超过 C40，具有快速增阻和高强稳定的支撑能力；

(4) 支护结构体具有高密度、高强度和微膨胀的特性；

(5) 堆喷设备小巧灵活，行走方便，输料距离远，机械拌料和上料，劳动强度低，用工少；

(6) 操作工序相对比较简单，在喷射混凝土基础上改性而来，操作人员能够快速掌握，根据需要高效构建巷旁支护结构体。

堆喷方法的核心技术点为外加剂的研发，堆喷外加剂(S2)为快速成型构建支护结构体提供了材料基础。

3.2 堆喷核心材料研发

为了响应堆喷构建矿用支护结构体方法的技术特点，满足沿空留巷巷旁支护体的结构及性能要求，通过研发堆喷核心材料，为构建沿空留巷的巷旁支护体提供材料支撑。

堆喷外加剂(S2)作为堆喷方法的核心材料支撑，是一种无机功能性掺料。根据堆喷工艺施工及性能要求，可以实现支护结构材料无须支模养护、全方位接顶、快速凝结硬化和及时支护、后期强度不倒缩、微膨胀不开裂。

根据性能要求，堆喷外加剂(S2)的制备原材料如下：① 硅灰(GS)，比表面积为 20 000 m^2/kg，SiO_2 含量为 91.2%，起降低回弹和增强作用。② 快硬硫铝酸盐水泥(SAC－42.5)，起促凝、降低回弹和增强作用。③ 速凝剂母料(SM)，起促凝作用。④ $Al(OH)_3$、$Al_2(SO_4)_3$、NaF、硅酸镁铝(MV)、聚丙烯纤维(JB)，主要作用是促凝增强、微膨胀、抗裂、降回弹和高黏结。⑤ 聚羧酸高性能减水剂(JS)，降低拌和用水和增强作用。⑥ 石膏(G)，主要作用是调节凝结时间，增加强度。堆喷外加剂部分原材料的主要化学成分见表 3－2。

表 3－2　堆喷外加剂部分原材料的化学成分

单位：%

材料名称	SiO_2	Al_2O_3	Fe_2O_3	CaO	MgO	SO_3	TiO_2	Loss
SAC－42.5	8.72	34.13	2.31	39.86	1.42	7.11	6.15	0.30
硅灰(GS)	7.65	52.17	2.38	36.15	1.59	0.04	—	0.02
石膏(G)	0.36	0.03	0.05	41.60	0.05	52.08	—	5.83

上述原材料中，快硬硫铝酸盐水泥(SAC－42.5)、石膏(G)、速凝剂母料

(SM)、$Al(OH)_3$ 和 $Al_2(SO_4)_3$ 的掺量对堆喷外加剂(S2)性能的影响较大，硅灰(GS)掺量对堆喷外加剂(S2)性能的影响较小。为了探究 SAC－42.5、G、SM、$Al(OH)_3$ 和 $Al_2(SO_4)_3$ 掺量对 S2 性能的影响规律，使用定量控制法分别设计表 3－3～表 3－7 所示的不同配比方案。按照水泥质量的 10%作为外加剂掺量，分别制作水泥砂浆标准试件，并按照《水泥标准稠度用水量、凝结时间、安定性检验方法》(GB/T 1346—2011)、《水泥胶砂强度检验方法(ISO 法)》(GB/T 17671—2021)、《混凝土膨胀剂》(GB/T 23439—2017)的有关试验方法，分别测试对应的凝结时间、单轴抗压强度和膨胀率等性能，进一步优选堆喷外加剂(S2)的配方。

表 3－3 SAC－42.5 掺量试验方案

序号	单位/g									
	GS	SAC－42.5	G	SM	$Al(OH)_3$	$Al_2(SO_4)_3$	NaF	MV	JB	JS
1	253	130	90	450	40	15	1	2	14	5
2	233	150	90	450	40	15	1	2	14	5
3	213	170	90	450	40	15	1	2	14	5
4	193	190	90	450	40	15	1	2	14	5
5	173	210	90	450	40	15	1	2	14	5
6	153	230	90	450	40	15	1	2	14	5
7	133	250	90	450	40	15	1	2	14	5
8	113	270	90	450	40	15	1	2	14	5

表 3－4 G 掺量试验方案

序号	单位/g									
	GS	SAC－42.5	G	SM	$Al(OH)_3$	$Al_2(SO_4)_3$	NaF	MV	JB	JS
1	243	190	40	450	40	15	1	2	14	5
2	223	190	60	450	40	15	1	2	14	5
3	203	190	80	450	40	15	1	2	14	5
4	183	190	100	450	40	15	1	2	14	5
5	163	190	120	450	40	15	1	2	14	5
6	143	190	140	450	40	15	1	2	14	5
7	123	190	160	450	40	15	1	2	14	5
8	103	190	180	450	40	15	1	2	14	5

表 3-5 SM 掺量试验方案

序号	单位/g									
	GS	SAC-42.5	G	SM	$Al(OH)_3$	$Al_2(SO_4)_3$	NaF	MV	JB	JS
1	213	190	80	440	40	15	1	2	14	5
2	203	190	80	450	40	15	1	2	14	5
3	193	190	80	460	40	15	1	2	14	5
4	183	190	80	470	40	15	1	2	14	5
5	173	190	80	480	40	15	1	2	14	5
6	163	190	80	490	40	15	1	2	14	5
7	153	190	80	500	40	15	1	2	14	5
8	143	190	80	510	40	15	1	2	14	5

表 3-6 $Al(OH)_3$ 掺量试验方案

序号	单位/g									
	GS	SAC-42.5	G	SM	$Al(OH)_3$	$Al_2(SO_4)_3$	NaF	MV	JB	JS
1	218	190	80	460	15	15	1	2	14	5
2	213	190	80	460	20	15	1	2	14	5
3	208	190	80	460	25	15	1	2	14	5
4	203	190	80	460	30	15	1	2	14	5
5	198	190	80	460	35	15	1	2	14	5
6	193	190	80	460	40	15	1	2	14	5
7	188	190	80	460	45	15	1	2	14	5
8	183	190	80	460	50	15	1	2	14	5

表 3-7 $Al_2(SO_4)_3$ 掺量试验方案

序号	单位/g									
	GS	SAC-42.5	G	SM	$Al(OH)_3$	$Al_2(SO_4)_3$	NaF	MV	JB	JS
1	205	190	80	460	35	8	1	2	14	5
2	203	190	80	460	35	10	1	2	14	5
3	201	190	80	460	35	12	1	2	14	5
4	199	190	80	460	35	14	1	2	14	5
5	197	190	80	460	35	16	1	2	14	5
6	195	190	80	460	35	18	1	2	14	5
7	193	190	80	460	35	20	1	2	14	5
8	191	190	80	460	35	22	1	2	14	5

初凝时间和终凝时间越短，说明堆喷外加剂越能加快堆喷材料的凝结硬化速度，越有利于成型控制[121]。1 d 的单轴抗压强度越高，说明材料的增阻速度越快；28 d 的单轴抗压强度越高，说明材料的后期强度越高。膨胀率为正值，说明材料成型后不收缩且微膨胀；数值越大，微膨胀的效果越显著。试验结果如图 3－5～图 3－9 所示。

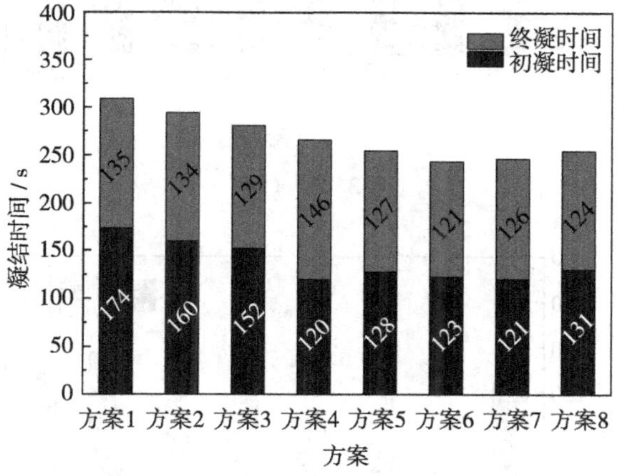

（a）凝结时间

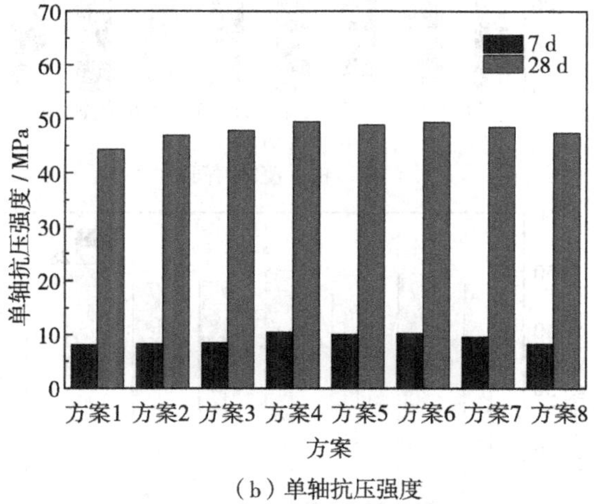

（b）单轴抗压强度

图 3－5　SAC－42.5 不同掺量对应的测试结果

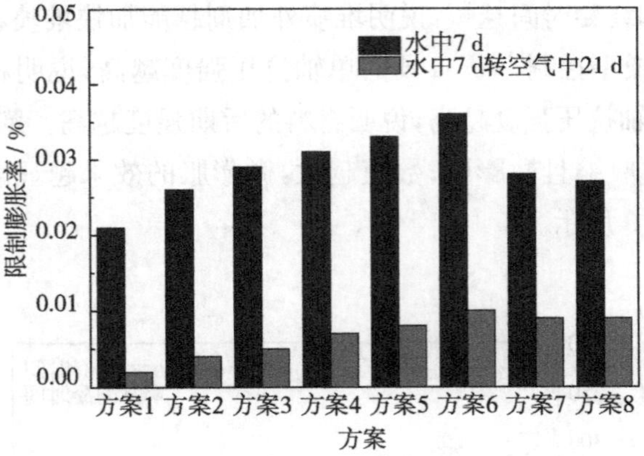

（c）膨胀率

图 3－5 （续）

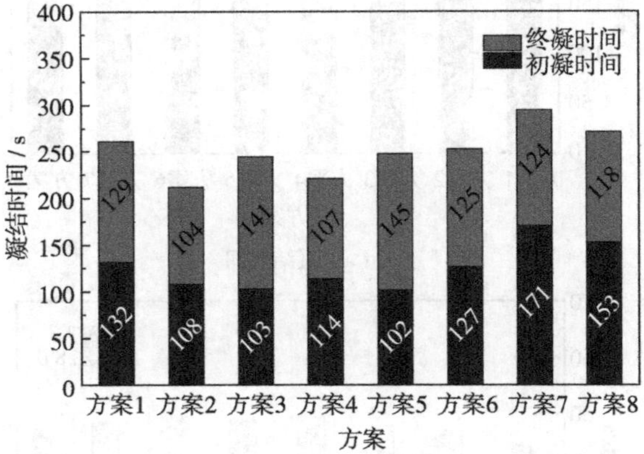

（a）凝结时间

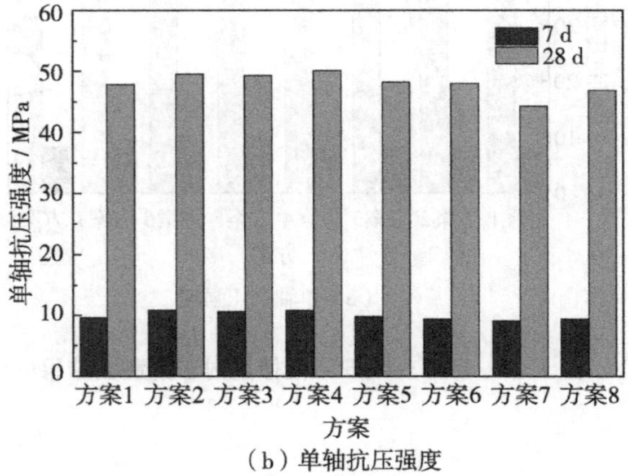

（b）单轴抗压强度

图 3－6 G 不同掺量对应的测试结果

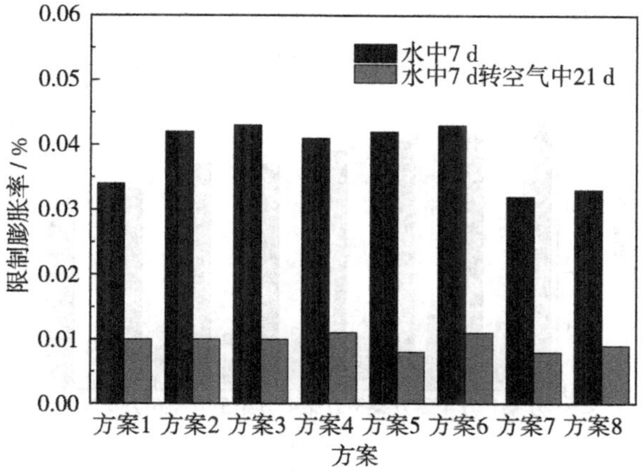

（c）膨胀率

图 3－6　（续）

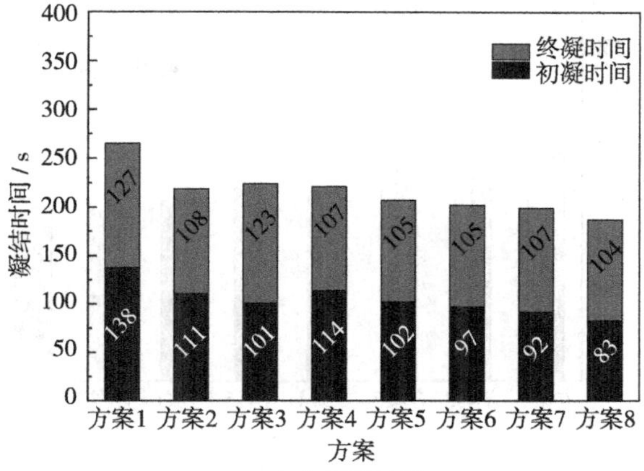

（a）凝结时间

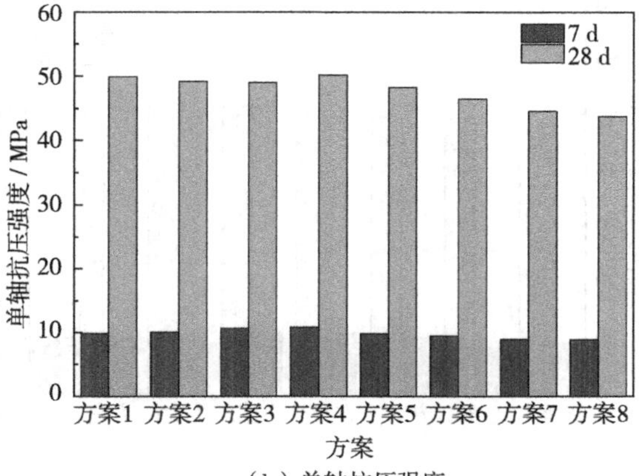

（b）单轴抗压强度

图 3－7　SM 不同掺量对应的测试结果

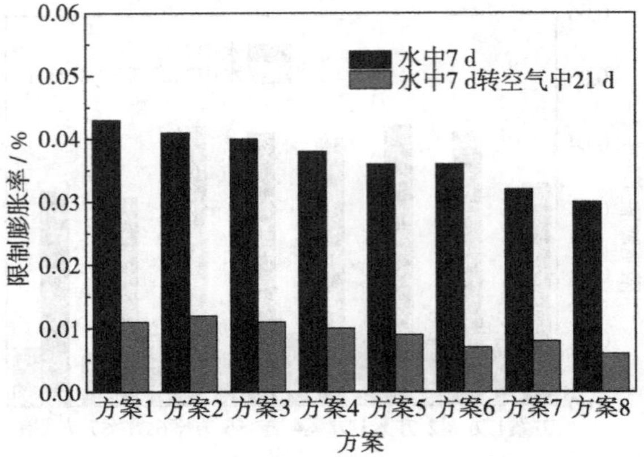

（c）膨胀率

图 3－7 （续）

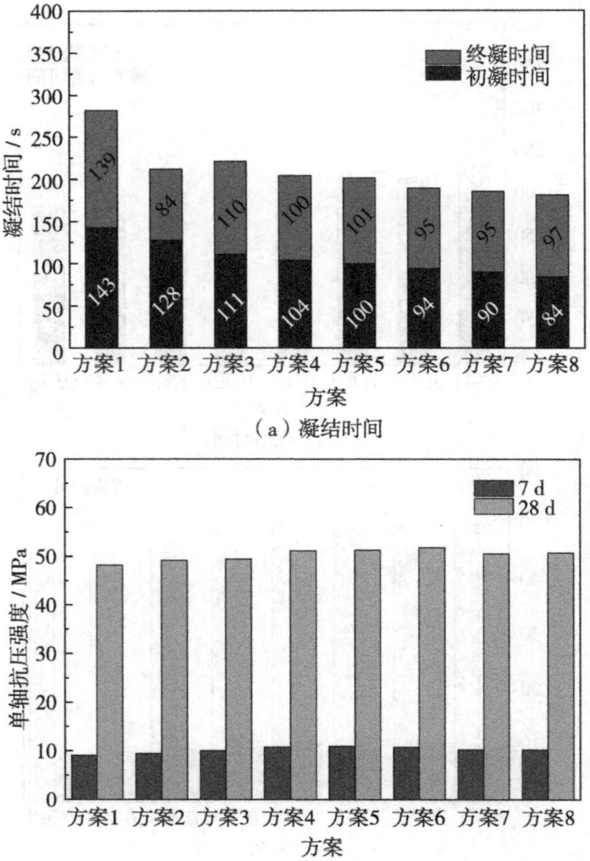

（a）凝结时间

（b）单轴抗压强度

图 3－8 $Al(OH)_3$ 不同掺量对应的测试结果

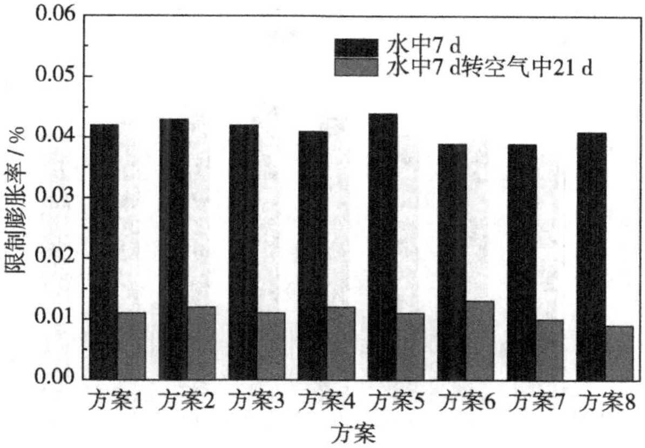

（c）膨胀率

图 3-8 （续）

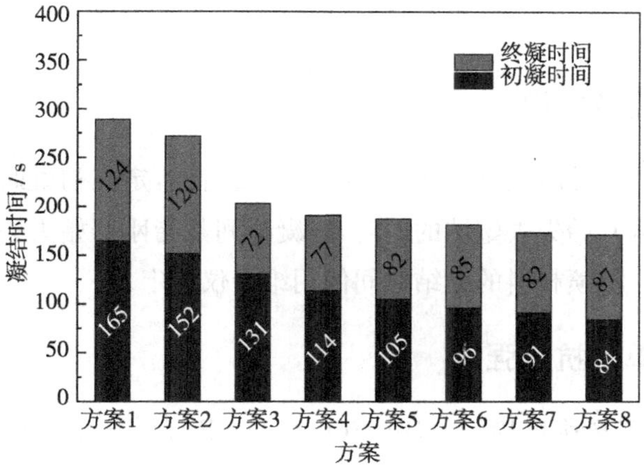

（a）凝结时间

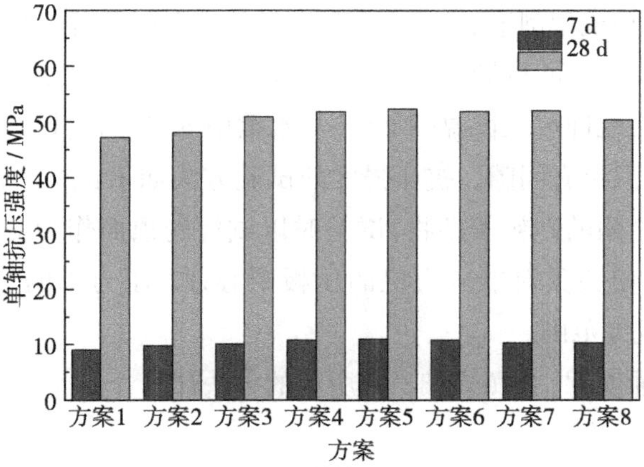

（b）单轴抗压强度

图 3-9 $Al_2(SO_4)_3$ 不同掺量对应的测试结果

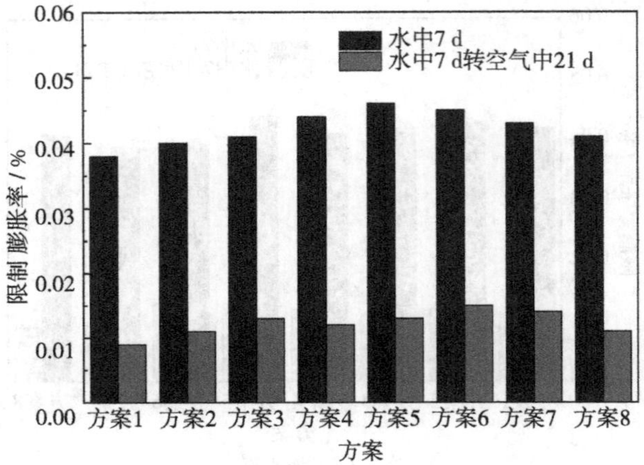

（c）膨胀率

图 3-9 （续）

3.2.1 凝结时间

堆喷材料的凝结时间分为初凝时间和终凝时间，定义初凝时间是指堆喷材料拌和水起至刚开始失去塑性的用时，终凝时间是指刚开始失去塑性至完全失去塑性的用时。堆喷材料的凝结时间使用维卡仪测定。

3.2.2 单轴抗压强度

按照《水泥胶砂强度检验方法（ISO 法）》（GB/T 17671—2021）的相关试验规范，试验材料搅拌完成后一次性将净浆装入 40 mm×40 mm×160 mm 的三联试模，机械振动成型刮平后，放入湿气养护箱，获得标准试块。对 24 h 龄期的试块，在试验前 20 min 内脱模。龄期 24 h 以上的试块，在成型后 20～24 h 脱模。试件脱模后立即放入恒温（20±1）℃水槽中养护。试件放置在不易腐烂的篦子上，试件之间留有间隙。抗压强度的试验方法如下：① 试验前清除试件受压面与加压板之间的砂粒等杂物，试验时以试件的顶面作为受压面，试件的底面靠紧夹具，并使夹具对准压力机的压板中心；② 压力机的加载速率控制在 2 400 ± 200 N/s 范围。

单轴抗压强度 R_c 按照式（3-1）所示的方法计算：

$$R_c = \frac{F_c}{A} \tag{3-1}$$

式中，F_c 为试件破坏时的最大载荷，N；A 为受压部分的面积，mm^2。

采用 6 个单轴抗压强度测定值的算术平均值作为试验结果。若 6 个测定数据中有 1 个超过平均值的±10%，则剔出该值，用余下的 5 个值进行算术平均；若 5 个测定值中再有超出它们平均值±10%的数据，则此组结果作废。计算结果精确至 0.1 MPa。

3.2.3 膨胀率

标准试件的膨胀率按照式(3-2)所示的方法测试，取 3 个试件的算术平均值作为长度变化量，计算结果精确至 0.001。试块制作好后放置于温度为(20±1)℃的标准养护室内养护，表面用塑料布覆盖，防止水分蒸发。试件成型 12 h 后拆模，测量初始长度。每个试件的长度重复测量 3 次，并取其平均值。

$$\varepsilon_t = \frac{L_t - L_0}{L} \times 100\% \tag{3-2}$$

式中，ε_t 为试件在龄期 t 时的膨胀率，%；L 为试件的基准长度，mm；L_0 为试件长度的初始读数，mm；L_t 为试件在龄期 t 时的长度读数，mm。

分析图 3-5 所示的测试结果得出，随着快硬硫铝酸盐水泥(SAC-42.5)掺量的增加，试验材料的初凝时间和终凝时间均呈先减小后增大的趋势，掺量为 190 g 对应的初凝时间最短，掺量为 230 g 对应的终凝时间最短。7 d 和 28 d 的单轴抗压强度呈先增大后减小的趋势，掺量 190 g 对应的 7 d 和 28 d 单轴抗压强度均最大，且与掺量为 230 g 时相近。不论是水中 7 d 还是转空气中 21 d，试件的膨胀率均为正值，也呈先增大后减小的趋势，且掺量为 230 g 时均最大。因此，综合优选 SAC-42.5 的掺量为 190～230 g。

分析图 3-6 所示的测试结果得出，随着石膏(G)掺量的增加，试验材料的初凝时间和终凝时间均呈先减小后增大的趋势，掺量为 120 g 对应的初凝时间最短，掺量为 60 g 对应的终凝时间最短。7 d 和 28 d 的单轴抗压强度呈先增大后减小的趋势，掺量 60 g 对应的 7 d 单轴抗压强度最大，掺量 100 g 对应的 28 d 单轴抗压强度最大。不论是水中 7 d 还是转空气中 21 d，膨胀率均为正值，呈先增大后减小的趋势，掺量为 80 g 和 140 g 时的水中 7 d 膨胀率最大，掺量为 100 g 和 140 g 时的水中 7 d 转空气中 21 d 膨胀率最大。因此，综合优选 G 的掺量为 70～110 g。

分析图 3-7 所示的测试结果得出，随着速凝剂母料(SM)掺量的增加，试验材料的初凝时间和终凝时间均呈逐渐减小的趋势，掺量为 510 g 对应的初凝时间和终凝时间最短。7 d 和 28 d 的单轴抗压强度呈逐渐减小的趋势，即单轴抗压强度与 SM 的掺量成反比，掺量 470 g 对应的 7 d 和 28 d 单轴抗压强度均最大。不论是水中 7 d 还是转空气中 21 d，膨胀率均为正值，也呈逐渐减小的趋势，掺量为 440 g 时的水中 7 d 膨胀率最大，掺量为 450 g 时的水中 7 d 转空气中 21 d 膨胀率最大。因此，在凝结时间满足的情况下，SM 的掺量越少越好。

分析图 3－8 所示的测试结果得出，随着 $Al(OH)_3$ 掺量的增加，试验材料的初凝时间和终凝时间均呈逐渐减小的趋势，掺量为 50 g 对应的初凝时间最短，掺量为 20 g 对应的终凝时间最短。7 d 和 28 d 的单轴抗压强度呈先增大后减小的趋势，掺量 35 g 对应的 7 d 单轴抗压强度最大，掺量 40 g 对应的 28 d 单轴抗压强度最大。不论是水中 7 d 还是水中 7 d 转空气中 21 d，膨胀率均为正值，且变化量不大。因此，综合优选 $Al(OH)_3$ 的掺量为 25～45 g。

分析图 3－9 所示的测试结果得出，随着 $Al_2(SO_4)_3$ 掺量的增加，试验材料的初凝时间和终凝时间均呈逐渐减小的趋势，掺量为 22 g 对应的初凝时间最短，掺量为 12 g 对应的终凝时间最短。7 d 和 28 d 的单轴抗压强度呈先增大后减小的趋势，掺量 16 g 对应的 7 d 和 28 d 单轴抗压强度均最大。不论是水中 7 d 还是水中 7 d 转空气中 21 d，膨胀率均为正值，呈先增大后减小的趋势，掺量为 16 g 时的水中 7 d 膨胀率最大，掺量为 18 g 时的水中 7 d 转空气中 21 d 膨胀率最大。因此，综合优选 $Al_2(SO_4)_3$ 的掺量为 12～20 g。

3.3 堆喷支护材料性能研究

为了进一步优化堆喷混凝土外加剂的配方，在研究不同原材料和不同掺量对凝结时间、抗压强度和膨胀率的影响结果和优选掺量范围的基础上，优化微调了 5 个典型配方（S2－1～S2－5）进行堆喷混凝土性能实验研究，并与使用普通速凝剂（S1）的喷射混凝土进行对比，以便进一步确定堆喷混凝土外加剂的配方。S2 的配方实验方案见表 3－8。

表 3－8　堆喷外加剂（S2）的配方

S2	单位/g									
	GS	SAC－42.5	G	SM	$Al(OH)_3$	$Al_2(SO_4)_3$	NaF	MV	JB	JS
S2－1	130	230	70	501	25	20	3	2	14	5
S2－2	140	220	80	489	30	18	2	2	14	5

表3-8(续)

S2	单位/g									
	GS	SAC-42.5	G	SM	$Al(OH)_3$	$Al_2(SO_4)_3$	NaF	MV	JB	JS
S2-3	150	210	90	477	35	16	1	2	14	5
S2-4	160	200	100	464	40	14	1	2	14	5
S2-5	170	190	110	451	45	12	1	2	14	5

3.3.1　堆喷结构体性能

按照《公路工程水泥及水泥混凝土试验规程》(JTG E30—2005),实验室测试堆喷试件的表观密度。按照《混凝土物理力学性能试验方法标准》(GB/T 50081—2019)的有关试验方法,实验室测试堆喷试件的单轴抗压强度。按照《喷射混凝土应用技术规程》(JGJ/T 372—2016)的有关试验方法,现场测试堆喷过程中不同外加剂对应的回弹率。凝结时间的测试方法与前述试验相同。

3.3.1.1　*表观密度*

堆喷材料的表观密度是指其拌和物质量与表观体积的比值,计算方法为:

$$\rho_h = \frac{m_2 - m_1}{V} \times 1\ 000 \tag{3-3}$$

式中,ρ_h 为堆喷材料的表观密度,kg/m^3;m_1 为试样筒的质量,1.0 kg;m_2 为捣实后堆喷料和试样筒的总质量,kg;V 为试样筒的容积,取为 5.0 L。

试验过程中,试样不重复使用,以两次测试结果的算术平均值作为测定值,结果精确到 10 kg/m^3。堆喷材料的表观密度测试结果见表 3-9。

表 3-9　堆喷材料的表观密度测试结果

编号	堆喷料和试样筒的总质量 m_2/kg	表观密度 $\rho_h/(kg\cdot m^{-3})$	平均表观密度 $\rho_h/(kg\cdot m^{-3})$
S1	9.90	2 179	2 180
	9.91	2 180	
S2-1	10.04	2 207	2 210
	10.06	2 212	
S2-2	10.23	2 244	2 240
	10.18	2 235	
S2-3	10.32	2 263	2 260
	10.29	2 258	

表3-9(续)

编号	堆喷料和试样筒的总质量 m_2/kg	表观密度 ρ_h/(kg·m^{-3})	平均表观密度 ρ_h/(kg·m^{-3})
S2-4	10.58	2 312	2 310
	10.55	2 309	
S2-5	10.44	2 288	2 290
	10.45	2 291	

分析表 3-9 所示的测试结果得出,S2 系列配方对应的堆喷料表观密度为 2 210～2 310 kg/m^3,均大于普通速凝剂 S1 对应的堆喷料表观密度(2 180 kg/m^3),其中 S2-4 对应的堆喷料表观密度最大,为 2 310 kg/m^3。不论是 S2 系列配方对应的堆喷料,还是普通速凝剂 S1 对应的堆喷料,其表观密度介于 1 950 kg/m^3～2 500 kg/m^3,均属于普通混凝土。

3.3.1.2 凝结时间

添加普通速凝剂 S1 和添加 S2-1、S2-2、S2-3、S2-4、S2-5 外加剂对应的堆喷料凝结时间的测试结果如图 3-10 所示。分析得出,堆喷外加剂(S2)可以加快堆喷材料的凝结时间,其中 S2-4 的凝结时间最快。与普通速凝剂 S1 相比,S2-4 的初凝时间缩短了 53 s,初凝加快率为 32.5%;终凝时间缩短了 71 s,终凝加快率为 47.7%;S2-4 的初凝时间及终凝时间共缩短了 124 s,凝结时间的总加快率为 39.7%。

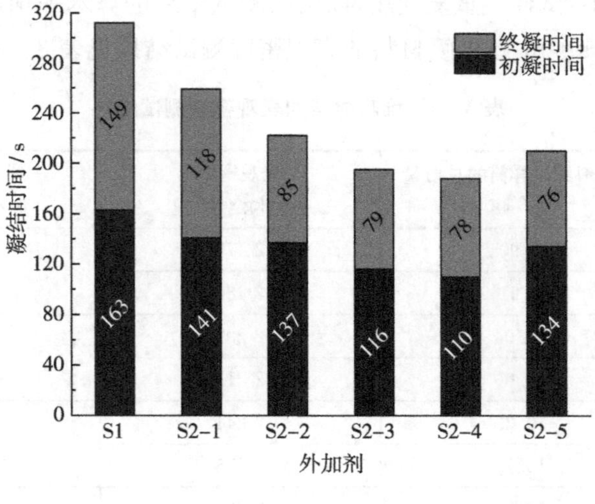

图 3-10 堆喷材料的凝结时间

3.3.1.3 单轴抗压强度

添加普通速凝剂 S1 和添加 S2－1、S2－2、S2－3、S2－4、S2－5 外加剂对应的堆喷材料的单轴抗压强度测试结果如图 3－11 所示。分析得出，使用速凝剂(S1)形成标准试件的 28 d 单轴抗压强度为 21.1 MPa，90 d 单轴抗压强度为 17.4 MPa，90 d 的强度存在倒缩现象，与 28 d 的抗压强度相比，倒缩率为 17.5％。使用堆喷外加剂(S2)形成标准试件的单轴抗压强度均表现出随龄期的增加而增大的特性，强度无倒缩。其中 S2－4 的各龄期强度均最大，28 d 单轴抗压强度为 43.6 MPa，90 d 单轴抗压强度为 44.7 MPa。与 S1 形成的试件相比较，S2－4 对应 1 d、3 d、7 d、28 d 和 90 d 的单轴抗压强度分别增大 6.2 MPa、10.3 MPa、14.7 MPa、22.5 MPa 和 27.3 MPa，增大率分别为 86.1％、100％、95.5％、107.6％和 156.9％。

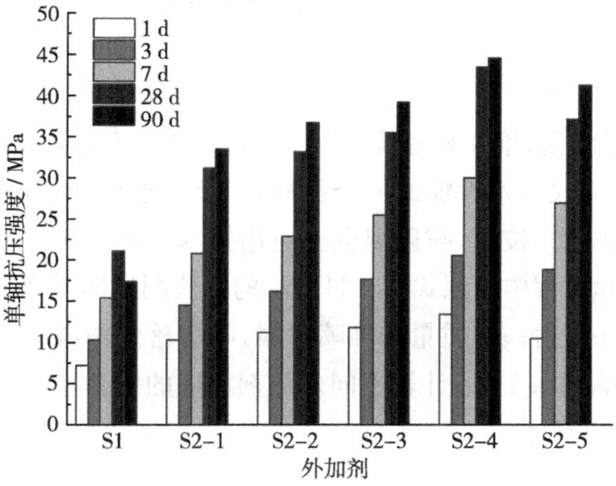

图 3－11 堆喷材料的单轴抗压强度

3.3.1.4 膨胀率

添加普通速凝剂 S1 和添加 S2－1、S2－2、S2－3、S2－4、S2－5 外加剂对应的堆喷料膨胀率的测试结果如图 3－12 所示。分析得出，无论是 7 d 水中养护，还是水中 7 d 转空气中 21 d，S1 的膨胀率测试结果均为负值(水中 7 d 为－0.012，水中 7 d 转空气中 21 d 为－0.022)，说明使用其形成的试件存在体积收缩现象，不利于支护结构稳定。S2 的膨胀率均为正值(水中 7 d 为 0.026～0.029，水中 7 d 转空气中 21 d 为 0.008～0.012)，且相差不大，说明 S2 不仅不会导致试件的体积收缩，还具有微膨胀的特性。

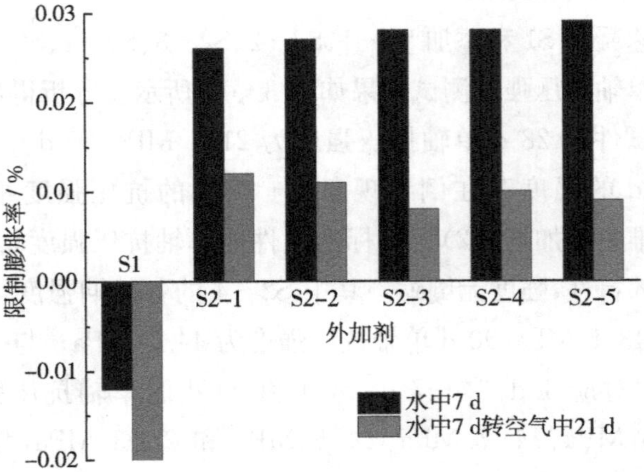

图 3-12 膨胀率测试结果

3.3.1.5 回弹率

受施工工艺限制，堆喷构建支护结构体过程中，不可避免地会发生回弹。回弹率也是表征堆喷技术性能的一个指标，回弹率越高，说明材料的黏附性越差，材料浪费量越大。按照《喷射混凝土应用技术规程》(JGJ/T 372—2016)相关规定，现场堆喷过程中按照式(3-4)所示的方法测试回弹率。在地面上平铺一块塑料布，水平喷射一定质量的堆喷材料，收集落到塑料布上的回弹物并称重，称重结果精确到 0.1 kg，计算不同外加剂对应的回弹率。堆喷回弹率的测试结果如图 3-13 所示。

$$\delta=\frac{W_1}{W_0}\times 100\% \qquad (3-4)$$

式中，δ 为堆喷材料的回弹率，%；W_1 为回弹物的质量，kg；W_0 为堆喷材料的质量，kg。

分析图 3-13 所示的回弹率测试结果得出，不论是 S1 还是 S2 对应的堆喷材料，堆喷施工时均存在不同程度的回弹。但与 S1 相比，S2 对应的回弹率大幅降低，S2-4 和 S2-5 对应的回弹率相近(5%左右)，S2-4 对应的回弹率最高降低 26.3%，可以减少堆喷过程的材料浪费和提高经济性。此外，回弹物料主要为粗骨料(石子)，低回弹率减少了堆喷料中的粗骨料损失，有利于堆喷料的配比质量控制和支护结构体的耐久性。

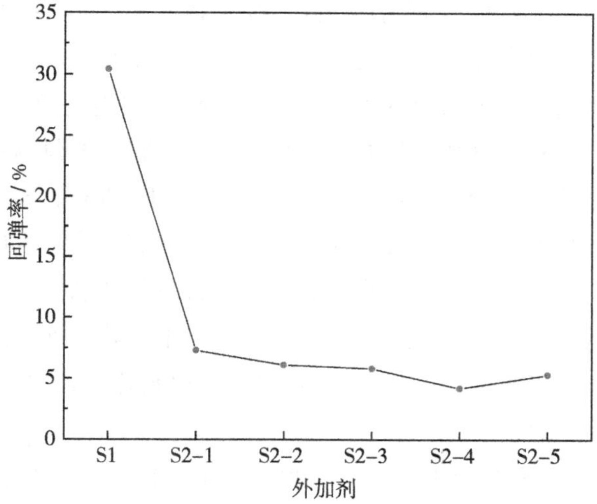

图 3－13　堆喷回弹率测试结果

3.3.2　堆喷结构体微观形貌

选择 S2－4 作为优选配方，并与 S1 堆喷试件进行 SEM 微观形貌分析，揭示堆喷外加剂高性能化支护结构体的作用机理。由于试件 1 d 与 3 d 的 SEM 相近，7 d 与 28 d 的 SEM 相近，因此重点对 S1 和 S2－4 的 1 d、28 d、90 d 的 SEM 微观形貌进行研究。S1 和 S2－4 的不同龄期的 SEM 如图 3－14 所示。

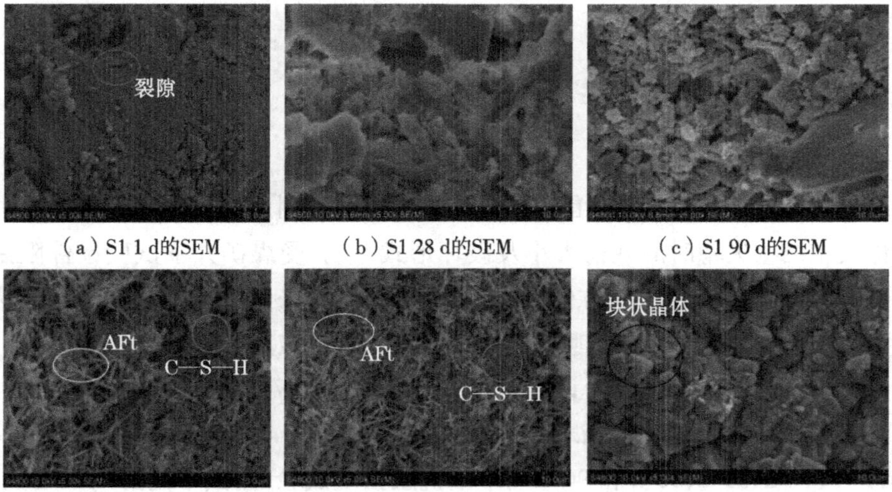

（a）S1 1 d的SEM　（b）S1 28 d的SEM　（c）S1 90 d的SEM

（d）S2–4 1 d的SEM　（e）S2–4 28 d的SEM　（f）S2–4 90 d的SEM

图 3－14　S1 和 S2－4 的不同龄期的 SEM

分析图 3 - 14 所示的 SEM 结果可以看出，添加 S2 - 4 试件的 1 d 微观形貌中生成了大量纤维状或管状的钙矾石（AFt）和水化硅酸钙（C—S—H）；而添加 S1 试件的 1 d 微观形貌中 AFt 和 C—S—H 非常少，并出现微小裂纹，其水化产物也很少。S2 - 4 的 28 d 微观形貌中生成了大量针状或纤维状的 AFt，相互交错搭接，形成三维网状空间结构，并有大量 C—S—H 填充。S1 中 AFt 和 C—S—H 有所增加，但只是局部出现，还有一些 $Ga(OH)_2$ 晶体生成，而且微观结构致密性较差。S2 - 4 的 90 d 微观形貌中出现大量的块状晶体堆砌结构，结构较为致密，未见明显的凝胶，分析其原因是在水化过程中形成了结晶完好的 AFt 晶体；而 S1 中也有类似的块状晶体，但结构比较松散，未形成堆砌结构，且有大量 C—S—H 出现[122-123]。

通过 SEM 微观形貌分析，结合 S1 和 S2 - 4 材料组成可以很好地解释堆喷试件宏观强度增大和出现不同微观形貌的原因。首先 S1 的主要促凝组分是 $NaAlO_2$，载体为粉煤灰，而 S2 - 4 中的促凝组分既有 $NaAlO_2$，又有 $Al_2(SO_4)_3$、$Al(OH)_3$、NaF 和 SAC，同时引入硅灰和聚丙烯纤维等增黏抗裂组分，极大地提高了堆喷材料不同龄期的抗压强度和降低了使用过程中的回弹率[124]。引入 $Al_2(SO_4)_3$、石膏（G）和 SAC 能生成大量的 AFt 晶体，这也就解释了 S2 - 4 微观形貌中出现 AFt 晶体的原因，并引入 SAC、NaF、硅灰以及减水剂的减水增强致密效果。

因此，优选 S2 - 4 作为堆喷外加剂（S2），开展现场堆喷构建矿用支护结构体的工程实践。

3.4 堆喷支护材料适应性研究

评价巷旁支护体承载性能的指标是在顶板活动引起的加载过程中，巷旁支护体发生结构失稳时的载荷大小及破坏形式[125]。受煤矿井下试验条件限制，将 150 mm 的标准养护立方体试件作为研究对象，采用室内力学试验的方法，研究单轴应力路径条件下堆喷结构体的强度特性及破坏机制。

根据《混凝土强度检验评定标准》（GB/T 50107—2010），现场堆喷获得 150 mm 的标准尺寸立方体试件，并放置在水中养护，在实验室分别进行 1 d、3 d、7 d、14 d、21 d、28 d 和 90 d 的单轴抗压强度试验，测试不同龄期堆喷混凝土标准试件的强度特性。

煤矿井下的堆喷施工设备为JPTS7－L型推链式混凝土喷射机，施工地点为辛安矿11212－2工作面运料巷，堆喷制作试件使用的材料为堆喷外加剂(S2)、水泥、砂子、石子和水，各种材料的质量配比为堆喷外加剂(S2)：水泥：砂子：石子：水＝0.1：1：1.7：1.7：0.42。为了消除试验数据的离散性，井下堆喷施工时，制作7组规格为150 mm×150 mm×150 mm的标准试件，每组3个，对试件进行养护及抗压强度试验。煤矿井下现场制样过程如图3－15所示。

图3－15　煤矿井下现场堆喷制样过程

3.4.1　堆喷试件强度特性

在沿空留巷巷旁支护参数中，最主要的是确定支护材料的承载强度和变形量[126]。堆喷材料的抗压强度实验室测试过程如图3－16所示，单轴抗压强度的试验数据见表3－10，测试结果如图3－17所示。

图3－16　抗压强度试验工作影像

表 3-10 标准试件单轴抗压强度试验数据

时间/d	试件编号	试件尺寸 /(mm×mm×mm)	破坏载荷 /kN	抗压强度 /MPa	平均抗压强度 /MPa
1	1-1	150×150×150	276.75	12.3	12.0
	1-2		272.25	12.1	
	1-3		261.00	11.6	
3	2-1	150×150×150	400.5	17.8	18.1
	2-2		411.75	18.3	
	2-3		409.50	18.2	
7	3-1	150×150×150	632.25	28.1	27.5
	3-2		616.5	27.4	
	3-3		607.50	27.0	
14	4-1	150×150×150	814.50	36.2	35.5
	4-2		789.75	35.1	
	4-3		792.00	35.2	
21	5-1	150×150×150	895.50	39.8	39.4
	5-2		884.25	39.3	
	5-3		879.75	39.1	
28	6-1	150×150×150	958.50	42.6	42.1
	6-2		940.50	41.8	
	6-3		942.75	41.9	
90	7-1	150×150×150	949.50	42.2	42.3
	7-2		936.00	41.6	
	7-3		969.75	43.1	

分析图 3-17 所示的测试结果得出，现场堆喷制作试件的单轴抗压强度随时间呈前期逐渐增大、后期趋于稳定的发展趋势，早期的增阻速度较快，验证了堆喷试件的高强承载和快速增阻性能。

为了更加直观地表征堆喷试件的承载性能，根据现场堆喷试件的单轴抗压强度测试结果，将其强度增长过程划分为三个阶段：初期快速增长阶段、中期持续增长阶段和后期稳定阶段。

(1) 初期快速增长阶段：龄期为 0～14 d，该阶段试件的强度快速增长，平均增长率为 2.54 MPa/d，14 d 的平均抗压强度已经达到 35.5 MPa，为 90 d 强度的 84%。

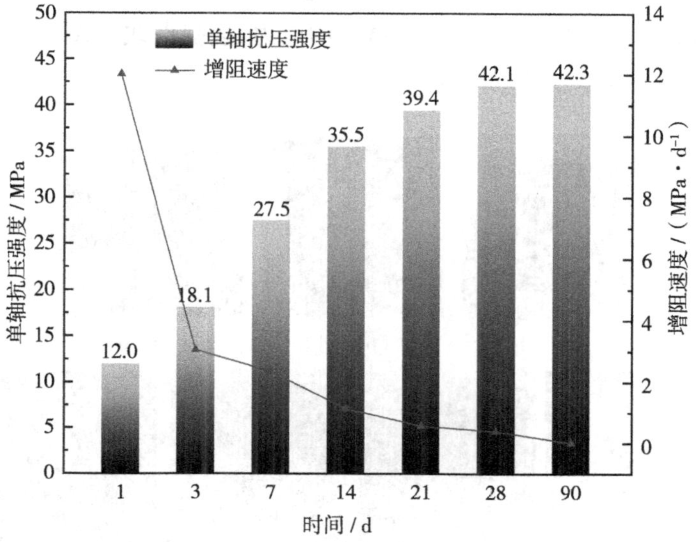

图 3-17　堆喷试件的抗压强度及增阻速度实测结果

(2) 中期持续增长阶段：龄期为 14～28 d，该阶段试件的强度继续增大，但增长速度降低，平均增长率为 0.47 MPa/d，28 d 的平均抗压强度为 42.1 MPa，为 90 d 强度的 99.5%，达到支护结构体 C40 承载强度的设计要求。

(3) 后期强度稳定阶段：龄期>28 d，该阶段试件的强度增大不明显，没有倒缩情况，28～90 d 的平均增长率仅为 0.003 MPa/d，90 d 的平均抗压强度为 42.3 MPa。

为了进一步分析堆喷支护结构体的强度特性，数据拟合得到现场堆喷构建支护结构体的单轴抗压强度 P 随龄期 t 的表达式为：

$$P=-34.60\cdot e^{-\frac{t}{8.67}}+42.71\quad (R^2=0.998) \tag{3-5}$$

分析式(3-5)所示的拟合函数关系得出，随着龄期 t 逐渐增大，堆喷结构体的长期强度为 42.71 MPa，与实验室和现场分别测试得到的 90 d 平均抗压强度 44.7 MPa、42.3 MPa 相近。可见，堆喷结构体的初期强度增速快，巷旁支护体成型后对顶板能尽早提供支撑作用；后期强度高且不倒缩，能很好地发挥支护作用。

3.4.2　堆喷试件破坏机制

表面破坏形态和弹性模量也是反映支护结构体承载性能及破坏机制的一

个显著特征[127-128]。单轴压缩试验过程中记录的不同龄期标准试件的典型表面破坏形态如图 3 - 18 所示，不同龄期试件的应力-应变曲线如图 3 - 19 所示，弹性模量与龄期的关系曲线如图 3 - 20 所示。

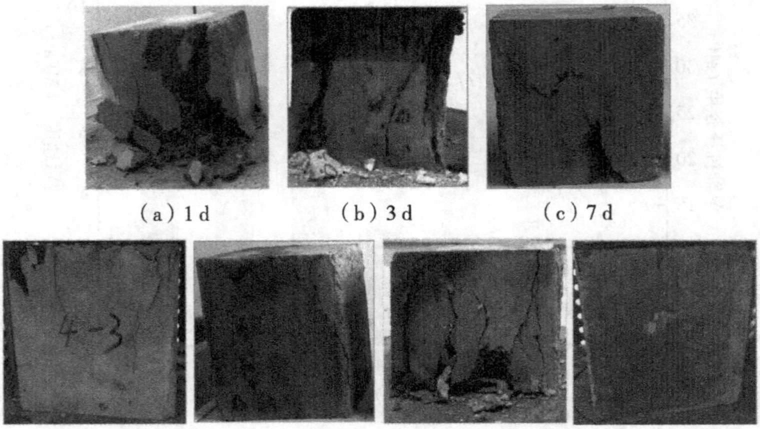

(a) 1 d (b) 3 d (c) 7 d

(d) 14 d (e) 21 d (f) 28 d (g) 90 d

图 3 - 18 不同龄期试件的表面破坏特征

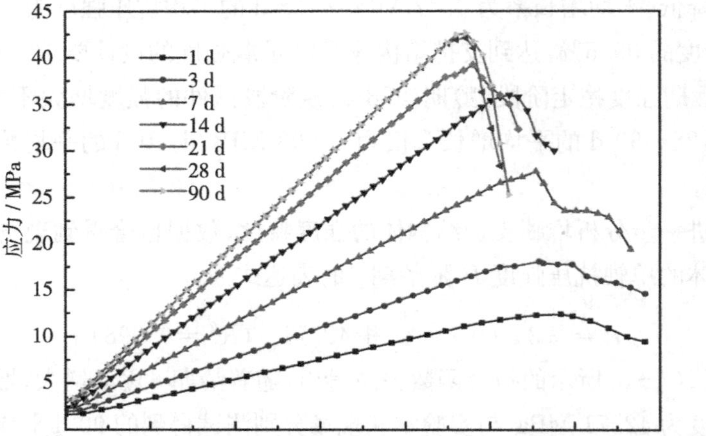

图 3 - 19 不同龄期试件的应力-应变曲线

分析图 3 - 18 所示的试件破坏特征得出，堆喷试件不同龄期的表面破坏形态可以概括为两类：龄期小于 14 d 的塑性破坏和龄期大于 14 d 的弹塑性破坏。

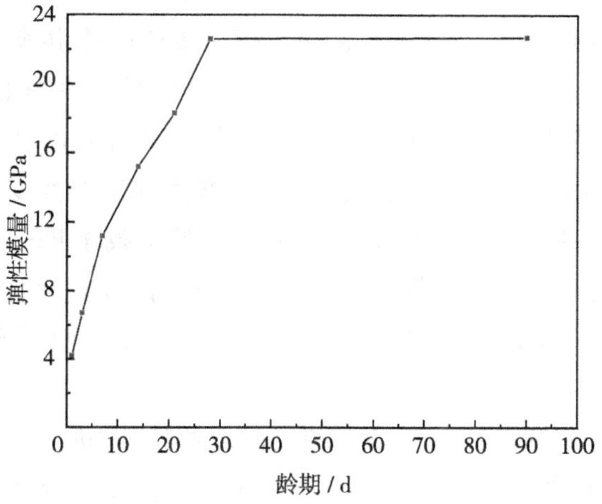

图 3-20 弹性模量与龄期的关系曲线

龄期越大，试件的破坏形态越完整，破坏裂隙分布越均匀。龄期小于 14 d 的试件加载受压后，破坏前有明显的塑性变形预兆，破坏后断口色泽发暗，试件的完整性较差，表现为塑性变形。龄期大于 14 d 的试件加载受压后，破坏前无明显的变形破坏预兆，破坏后的断口比较平齐，呈色泽较亮的晶粒状，试件较完整，表现为弹塑性变形破坏。

分析图 3-19 所示的应力-应变测试结果得出，不同龄期堆喷试件的应力-应变规律基本一致，具体表现为峰值载荷前发生弹性变形，应力-应变呈线性规律发展；峰值载荷后发生弹塑性变形[129]，峰值载荷以后结构不会发生突变。低龄期试件达到峰值载荷时的应变量大于高龄期试件达到峰值载荷时的应变量，1 d 龄期的峰值载荷为 12.0 MPa，对应的应变量为 2.88×10^{-3}；28 d 龄期的峰值载荷为 42.1 MPa，对应的应变量为 1.86×10^{-3}。因此，堆喷结构体的可缩量可以适应基本顶的给定变形，各龄期发生结构破坏前的载荷能够与留巷位置的顶板载荷动态协同，促进沿空留巷的顶板稳定。

分析图 3-20 所示的堆喷试件弹性模量与龄期的关系得出，堆喷试件的弹性模量随着龄期的发展而逐渐增大，28 d 龄期的强度和刚度达到稳定状态，28 d 弹性模量约为 1 d 弹性模量的 5.4 倍。堆喷试件具备一定的可缩量，相同载荷条件下的早期变形量大于终期变形量。堆喷试件早期的适当可缩性有利于巷旁支护体适应沿空留巷初期的顶板“给定变形”，后期的高强度和高刚度能够满足沿空留巷在复用阶段对巷旁支护的承载要求。

综上所述，堆喷构建的结构体为不同粒径材料的胶结体，胶结材料水泥的水化反应产物将砂石骨料黏结在一起，试件内部的黏结强度随着水泥水化反应逐渐增强[130]。当龄期小于 14 d 时，试件处于强度增长初期阶段，水泥的水化反应不完全，对砂石骨料的胶结强度较弱；当单轴载荷导致的剪切作用力超过材料之间的黏结力时，试件发生扩容变形，直至整体发生塑性变形破坏。当龄期大于 14 d 时，水泥水化物进一步反应，堆喷试件的承载强度较高；当受到单轴载荷作用时，试件内部的应力逐渐增大，并首先在试件中心产生微裂纹；随着载荷继续增大，微裂纹由试件中心向表面发展，直至扩展到表面形成贯通裂隙，发生宏观破坏[131-132]。

因此，不同龄期试件的强度特性和表面破坏特征，进一步说明了堆喷构建巷旁支护结构体的快速增阻、高强稳定承载和可压缩变形等优越性能。

3.4.3 堆喷巷旁支护体适应性分析

墙式巷旁支护沿空留巷情况下，顶板变形产生的载荷主要由巷旁支护体承担。留巷阶段顶板岩层的结构稳定性取决于巷旁支护的适应性。结合前文研究结果，分别从沿空留巷顶板运移活动的发展区、活跃区和稳定区，分阶段分区域对堆喷巷旁支护材料的适应性进行分析。

3.4.3.1 发展区

堆喷巷旁支护体紧跟工作面在端头区域的弧形岩体下方构筑，堆喷材料性能和料束高速冲击使巷旁支护体具有了自密实快速成型和全方位接顶的性能，留巷初期的顶板下沉变形开始发展并逐渐增大。巷旁支护体的支撑能力与材料的力学性能有关，堆喷材料的增阻速度快，实测堆喷结构体 1 d 即可达到 12.0 MPa 的单轴抗压强度，初撑增阻阶段满足端头区域顶板尽早支护的要求。

堆喷巷旁支护体在顶板运移活动的发展区构筑完成并快速增阻，在巷旁墙体的及时支撑作用下，可以限制顶板浅部岩层下沉，防止直接顶沿煤帮切落和离层变形，保持留巷直接顶的完整性；使直接顶和基本顶之间保持挤紧状态，借助彼此之间的摩擦阻力，阻止破断岩块的相对滑移和离层[133]。

3.4.3.2 活跃区

堆喷巷旁支护体不仅增阻速度快，而且后期强度高，实测堆喷结构体 14 d 的单轴抗压强度为 35.5 MPa，28 d 的单轴抗压强度为 42.1 MPa，具备高强支撑能力。堆喷巷旁支护体足够的支撑力不仅可以平衡基本顶的回转下沉，防止留巷顶板过量变形；同时利用巷旁墙体的支撑能力将直接顶沿采空区切落，并对基本顶也有一个控制力矩，在矿压作用下使基本顶沿着控制力矩的位置在采空区断裂垮落，使顶板结构能够尽快进入稳定状态，沿空留巷内仅需要 28 d 的辅助临时支护。

堆喷巷旁支护体的材料为混凝土，其刚度比直接顶的刚度大[134]。厚煤层开采条件下，为了提高直接顶的刚度，回采巷道一般沿煤层顶板掘进，不留顶煤。

3.4.3.3 稳定区

堆喷巷旁支护体的后期强度高且不倒缩，实测堆喷结构体 90 d 的单轴抗压强度为 42.3 MPa，具有高强稳定的承载性能，满足长期稳定承载的要求。

综上所述，堆喷巷旁支护体的增阻速度快，可以对沿空留巷顶板尽早提供一定的初撑力，抢时间调控顶板的下沉速度，控制顶板初期的运动状态，与留巷顶板运动保持动态协同作用，缓解顶板变形量。如果巷旁支护体承载不及时或者初期承载能力较弱，错过时机一旦顶板已经发生过量有害下沉，后期的顶板控制难度更大[135]。堆喷巷旁支护体后期高强稳定不倒缩，具备抵抗顶板破断垮落等动压影响的长期稳定承载性能，能够满足沿空留巷顶板控制的载荷及位态要求，使留巷围岩的小结构保持稳定。

3.5 本章小结

本章研发了一种能够适应沿空留巷顶板活动特征及矿压规律的堆喷支护材料，开展了堆喷试件强度特性及破坏机制研究，为堆喷混凝土巷旁支护沿空留巷顶板安全控制提供了材料支撑。小结如下：

(1) 提出了一种安全高效构筑沿空留巷巷旁支护结构体的堆喷施工方法，其特点为施工无须支模和振捣，可以全方位接顶，且不受巷道断面及尺寸限制，解决了传统喷射混凝土不能作为承重支护结构体的问题，同时突破了浇筑法构筑混凝土支护结构体的局限。

(2) 堆喷外加剂(S2)作为堆喷方法的核心材料支撑，是一种无机功能性掺料。S2 的主要制备原材料为硅灰(GS)、快硬硫铝酸盐水泥(SAC-42.5)、速凝剂母料(SM)、$Al(OH)_3$、$Al_2(SO_4)_3$、NaF、硅酸镁铝(MV)、聚丙烯纤维(JB)、聚羧酸高性能减水剂(JS)和石膏(G)。

SEM 微观形貌分析 S2 可以促进堆喷料水化过程中生成钙矾石(AFt)和水

化硅酸钙(C—S—H),AFt 相互交错搭接形成三维网状空间结构,并被 C—S—H 填充,从而使支护结构体的微观形貌致密,宏观上具有高强、密实性能。

(3) 现场堆喷制作标准试件,并在实验室进行了不同龄期的单轴抗压强度测试,将其强度增长过程划分为三个阶段:初期快速增长阶段(龄期 0~14 d)、中期持续增长阶段(龄期 14~28 d)和后期稳定阶段(龄期>28 d),数据拟合得到了堆喷构建支护结构体的单轴抗压强度 P 随龄期 t 的表达式。掌握了堆喷试件的破坏机制,龄期小于 14 d 发生塑性破坏,龄期大于 14 d 发生弹塑性破坏,验证了堆喷构建支护结构体的初期快速增阻、后期高强稳定的承载特性。

(4) 堆喷巷旁支护体的增阻速度快,1 d 的单轴抗压强度达到 12 MPa,可以对沿空留巷顶板尽早提供较高的初撑力,抢时间控制顶板的下沉速度,调控顶板的初期运动状态,缓解下沉变形;后期高强稳定不倒缩,28 d 和 90 d 的单轴抗压强度分别为 42.1 MPa 和 42.3 MPa,能够抵抗顶板破断垮落等动压影响,适应沿空留巷顶板控制的载荷及位态。

第4章　堆喷巷旁支护体结构特征及顶板控制力学模型

巷旁支护体的作用可以概述为挡矸、护顶和隔离采空区，其承载性能是沿空留巷顶板控制的一个重要技术参数。如果巷旁支护体承载不及时或者承载能力比较弱，可能造成顶板岩层剧烈下沉，引发沿空留巷围岩小结构的整体失稳，增加维护难度。巷旁支护体的承载特性不仅决定于支护材料的力学性能，还取决于其结构稳定性。从生产效率及经济效益角度考虑，巷旁支护体的宽度越小越好。因此，堆喷沿空留巷还需要解决巷旁支护体在承压时的结构稳定问题。

为了合理设计巷旁支护体的结构参数，让其具有更优的承载性能，有助于沿空留巷顶板控制，本章从顶底板一体化、巷旁支护体断面形状、构造配筋等方面对堆喷巷旁墙体的结构参数进行研究。结合沿空留巷覆岩结构的二维相似模拟试验，揭示巷旁支护与覆岩结构的相互作用机制；通过建立沿空留巷的巷旁承载结构力学模型和巷内辅助支护力学模型，给出巷旁墙体受到的顶板载荷与留巷初期临时支护强度的解析式，为巷旁支护体结构设计和顶板控制参数选取提供依据。

4.1　“顶板-墙体-底板”三位一体巷旁支护系统

4.1.1　巷旁支护体稳定性分析

巷旁墙体作为支护顶板和维护沿空留巷安全服务的结构物，并不是孤立存在的，而是处在一个由围岩组成的支护体系中[136]。根据覆岩运动对沿空留巷围岩稳定性产生影响的程度，认为基本顶及其以下范围的岩层是对沿空留巷产生直接影响的岩层，而基本顶之上的岩层则视为作用到其上的载荷。因此，巷旁支护体与围岩的相互作用体系实际上是由基本顶-直接顶-巷旁支护体-底板组成。

巷旁墙体直接支护的对象是直接顶岩层，通过直接顶间接地对基本顶的活动发挥控制作用，直接顶相当于巷旁支护体与基本顶之间的垫层。基本顶回转变形使直接顶的临空面破碎度增大，直接顶冒空将使支护体上部与顶板的接触情况恶化，导致无法利用墙体的支撑力通过直接顶控制基本顶岩块的回转变形。因此，希望直接顶能够保持其整体性，以便传递巷旁支护体对基本顶的支撑作用。直接顶岩层的完整程度除了受岩层本身的力学性质以及内部裂隙发育程度等地质因素影响之外，更重要的是受支护方式及结构参数等技术因素影响。

沿空留巷的基本顶一端支承于煤帮，另一端支承于巷旁墙体，且采空区有一定长度的悬伸岩梁。按照力学原理，顶板下沉是以支承点为轴的旋转运动，悬伸端的下沉大于支承点。巷道两侧的不对称变形使巷旁墙体受到朝巷道侧的推力，造成巷旁墙体朝巷道方向倾斜，在非水平地层这种由于顶板旋转下沉造成的侧压不均衡性更明显。同时，采空区冒落的矸石也会对巷旁支护体产生朝巷道方向的挤压作用力，从而造成巷旁支护体发生水平位移变形。传统巷旁充填沿空留巷的巷旁墙体与顶板及底板彼此独立，致使墙体与顶底板不是一个整体，巷旁墙体抵抗侧压的能力较弱，在倾斜岩层不均衡载荷及采空区垮落矸石的水平侧压作用下，巷旁支护体可能会发生如图 4－1 所示的回转失稳或滑移变形[45]。

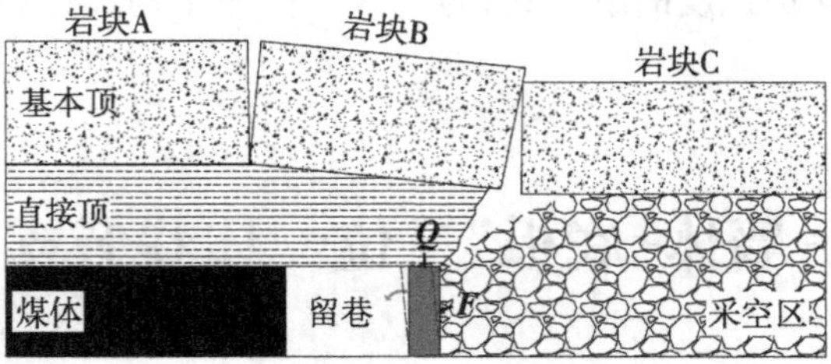

（a）回转失稳

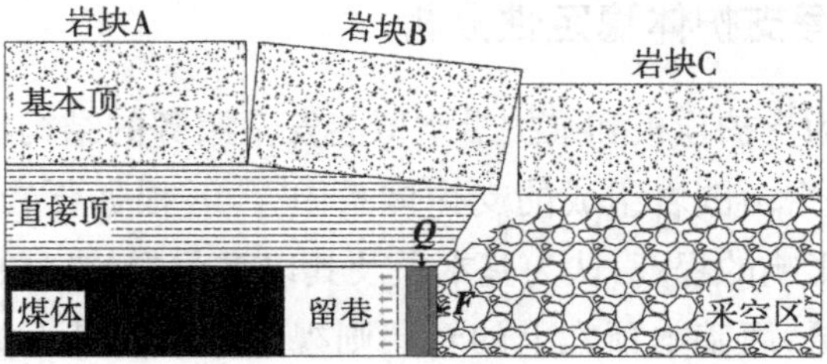

（b）滑移变形

图 4－1　巷旁支护体回转失稳或滑移变形示意图

4.1.2 “顶板-墙体-底板”一体化支护设计

从沿空留巷围岩控制系统而言，巷旁支护由顶板-墙体-底板共同组成[137]。为了加强顶底板岩层与巷旁支护体之间的作用效果，实现“顶板-墙体-底板”协同支护，在巷旁墙体位置设计了顶板锚索和底板锚杆，形成如图 4-2 所示的“顶板-墙体-底板”一体化巷旁支护结构。一方面外露的顶板锚索和底板锚杆伸入巷旁墙体内部，增大巷旁支护体与顶底板交界处的摩擦作用，限制墙体的侧向变形，有利于沿空留巷围岩小结构稳定，增强倾斜煤层或较大水平应力等复杂地质条件下的适应性。另一方面，对支护体上方的顶板进一步主动支护，防止形成支护前发生离层或者垮落，控制巷旁支护体上方顶板的整体性，将巷旁墙体的支护阻力传递给基本顶岩层，使墙体与顶底板岩层形成“三位一体”的支护系统[138]，可以充分发挥巷道围岩与巷旁墙体的协同支护作用，更好地控制顶板的结构位态，有效促进沿空留巷的围岩稳定。

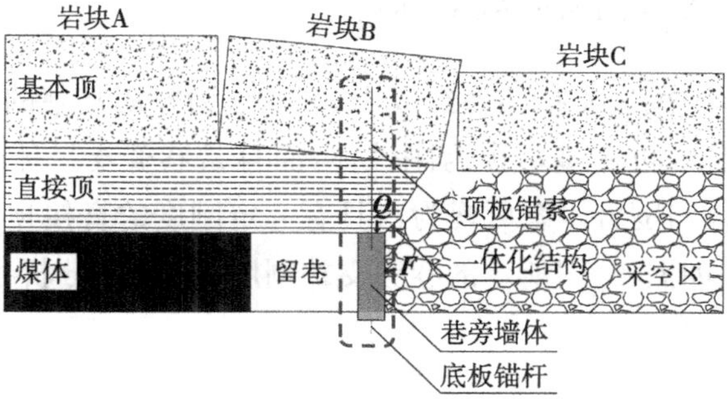

图 4-2 巷道“顶板-墙体-底板”一体化结构设计示意图

在薄及中厚煤层开采条件下，当巷道底板为硬底时，在拟构筑巷旁支护体的底部中间位置按照适当的间距打设一排底板锚杆，底板锚杆的外露长度为 1.0 m。厚煤层开采条件下，回采巷道一般沿煤层顶板掘进，巷道留有一定厚度的底煤[139]。为了增大墙体的稳定性，在巷道底板筑墙位置开挖深度为 0.5 m、宽度与巷旁墙体厚度一致的基础坑，在基础坑底部的中间位置按照适当的间距、排距打设两排底板锚杆，底板锚杆的外露长度为 1.0 m；并在基础坑底部铺设一层直径为 6.0 mm、网格尺寸为 0.1 m×0.1 m 的钢筋网片，钢筋网片铺满基础坑的底部。在该基础坑内配筋并堆喷高强度的混凝土材料替换强度较低的实体煤，形成类似条形地基的巷旁支护基础，有利于巷旁墙体保持稳定状态。

在巷旁墙体中间位置的顶板，按照适当的间距打设一排高强度的锚索并外露 0.5 m。堆喷筑墙过程中，顶板锚索和底板锚杆的外露部分进入巷旁墙体内部，从而使巷道顶板、墙体和底板形成一体化的巷旁支护结构。在非水平煤层条件下，能够限制巷旁支护体向巷道内发生回转失稳和滑移变形，增强沿空留巷的顶板、支护体、底板围岩结构的整体稳定性和抵抗侧向变形能力。此外，在巷旁墙体上方布置一排顶板锚索，可以提供较大的预应力，有效抑制顶板岩层发生扩容和离层变形，减小留巷顶板岩层的采空侧破碎度[140]；同时将巷旁墙体与深部基本顶岩层相连，还可以起到一定的锁边作用，提高留巷顶板岩层的完整性和稳定性。

4.2 基于系统刚度的巷旁支护体断面优化

4.2.1 巷旁支护系统刚度分析

在巷旁墙体与围岩支护体系组成中，基本顶为厚而坚硬的岩层，而且其回转变形为给定变形，可视基本顶为刚性体，而且是巷旁支护体系的上部边界。因此，巷旁支护体与围岩体系可视为由具有一定刚度的直接顶、巷旁支护体和底板组成。建立如图 4－3 所示的巷旁支护刚度模型[96]，分析各组成部分对于其整体刚度的影响。

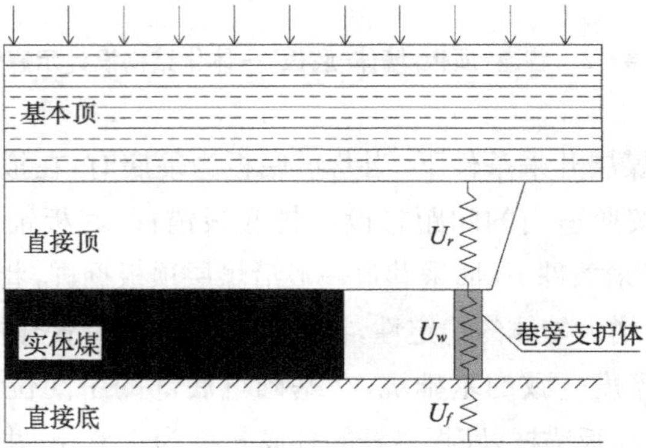

图 4－3　巷旁支护系统刚度模型示意图

4.2.1.1　底板的刚度

把底板的刚度记为 U_f，不同岩性的底板具有不同的刚度，因而对巷旁支护围岩体系的影响也不同。

底板对巷旁支护围岩系统的的影响，主要体现在当底板刚度较小时，巷旁支护体在增阻承载的过程中压缩底板，从而减小了支护系统的整体刚度，由此造成顶板下沉量增大，进一步恶化顶板状态。

4.2.1.2　巷旁支护体的刚度

把巷旁支护体的刚度记为 U_w，根据支护性能，巷旁支护体的刚度一般是指支护材料终期的刚度。支护体的刚度越大，单位压缩量的增阻量也越大，对顶板保持稳定所发挥的作用就越好。巷旁支护体的刚度取决于支护材料的刚度特性，体现了支护材料的增阻与变形性能。因此，提高巷旁支护体的刚度应该从改善支护材料的物理力学性能和支护体的结构着手。

沿空留巷巷旁支护体的刚度可用下式表示：

$$U_w = \frac{E_w \cdot x_2}{H} \tag{4-1}$$

式中，U_w 为巷旁支护体的刚度；E_w 为巷旁支护材料的弹性模量；x_2 为巷旁支护体的宽度；H 为巷旁支护体的高度。

4.2.1.3　直接顶的刚度

把直接顶的刚度记为 U_r，直接顶的刚度反映了其承载及整体力学性能。直接顶在不同的硬度和赋存条件下具有不同的刚度特性，可划分为似刚度、似零刚度和中间型刚度三种类型[141]，不同刚度类型的直接顶对巷旁支护围岩体系有不同的影响。沿煤层顶板掘进回采巷道的直接顶为沉积岩层，一般可视其为中间型刚性体。因此，巷旁支护体的承载状况取决于基本顶的稳定性和采空区冒落矸石的充填程度。

4.2.1.4　巷旁支护系统的刚度

把巷旁支护系统的刚度记为 U，其由底板、巷旁支护体和直接顶的刚度共同决定，具体关系可用下式表示[96]：

$$\frac{1}{U} = \frac{1}{U_r} + \frac{1}{U_w} + \frac{1}{U_f} \tag{4-2}$$

当底板为坚硬和中硬岩层时，其刚度较大，对巷旁支护围岩系统的影响较小。当底板为较软岩层或煤体时，其刚度较小，对巷旁支护围岩系统的影响显著。

4.2.2 巷旁支护体断面形状优化

沿空留巷巷旁支护体的形态为沿巷道走向具有一定厚度的一道墙体，将断面形状作为变量，沿空留巷巷旁支护体可以划分为如图4-4所示的矩形、直角梯形和等腰梯形三类。巷旁墙体作为顶板支护体系的重要组成部分，合理的断面设计可以促进巷道顶板安全控制。

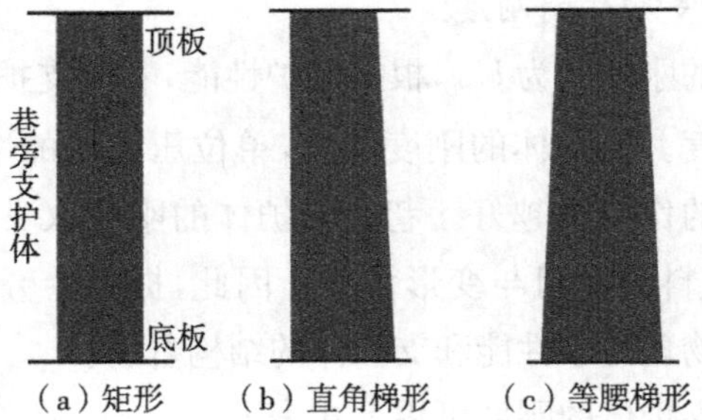

图4-4　不同断面的巷旁支护体示意图

在一般印象及多数沿空留巷工程中，巷旁支护体的断面为矩形。为了增大巷旁支护体与底板的接触面积，防止巷旁支护体钻底[142]，改变底板压力的分布状态，进而减弱底板对沿空留巷巷旁支护系统刚度的影响，结合现场施工条件和堆喷成型工艺，优选直角梯形作为堆喷沿空留巷的巷旁支护结构体断面形状。其中靠采空区侧为直角边，靠巷道侧为斜边。直角梯形断面的巷旁支护体在巷道侧具有一定的坡角，还可以提高其抵抗向巷道内倾倒和滑移等结构性失稳的能力。

因此，式(4-2)可以进一步简化为：

$$\frac{1}{U}=\frac{1}{U_r}+\frac{1}{U_w} \tag{4-3}$$

分析式(4-3)可知，如果直接顶的刚度$U_r \to \infty$，即直接顶为似刚性体，则$U=U_w$，此时巷旁支护体的刚度即为支护系统的刚度。如果直接顶的刚度$U_r \to 0$，即直接顶为似零刚度，则$U=0$，此时巷旁支护系统的刚度为零。如果直接顶的刚度$0<U_r<\infty$，即直接顶为中间型刚度，则巷旁支护系统的刚度由直接顶刚度和巷旁支护体刚度共同决定[96,143]。

4.3 基于构造配筋的巷旁支护体结构强化

4.3.1 素混凝土巷旁支护体结构分析

堆喷支护结构体的实质为混凝土墙体，无配筋的混凝土是素混凝土。计算特定厚度及高度巷旁墙体的支护承载力时，将墙体结构进行简化，取长度为 1.0 m 的墙体为轴心受压柱模型，计算巷旁墙体的正截面承载能力。受压柱的高度为巷道高度和底板基础坑高度之和，记为 H；受压柱的短边长度为巷旁墙体的最小厚度，记为 b；受压柱的长细比为 H/b。根据《混凝土结构设计规范》(GB 50010—2010)，素混凝土受压柱模型构件的稳定性系数 φ 取值见表 4-1，构件的承载安全系数取 0.9。则巷旁墙体单位长度的承载能力 P 为：

$$P=0.9\varphi\cdot f_c\cdot A \tag{4-4}$$

式中，P 为单位长度巷旁墙体的承载能力，kN；φ 为受压构件的稳定性系数；f_c 为堆喷混凝土墙体的轴心抗压强度设计值，按照 C40 素混凝土的轴心抗压强度设计值为 19.1 N/mm^2 乘以系数 0.85 取用；A 为单位长度巷旁墙体的横截面面积，mm^2。

表 4-1　素混凝土受压柱模型构件的稳定性系数取值

H/b	<4	4	6	8	10	12	14
φ	1.00	0.98	0.96	0.91	0.86	0.82	0.77

将本书第 6 章工程背景相同断面尺寸的堆喷巷旁墙体参数代入式(4-4)，计算得出无配筋时，单位长度堆喷巷旁墙体的承载能力约为 11 689 kN，参数选取及计算结果见表 4-2。

表 4-2　无配筋堆喷巷旁支护体承载性能计算结果

符号	含义	单位	取值
A	单位长度巷旁墙体的横截面面积	mm^2	800 000
f_c	堆喷混凝土的轴心抗压强度设计值	N/mm^2	19.1
φ	受压构件的稳定性系数	—	1
P	单位长度无配筋堆喷巷旁墙体的承载能力	kN	11 689

4.3.2 构造配筋巷旁支护体结构强化

在上覆岩层竖向压力作用下，巷旁支护体处于轴向受力状态，墙体会产生横向扩容变形，构造配筋对巷旁支护体的承载性能和破坏形态会有一定影响[144]。为了进一步探究堆喷支护结构体的配筋方式及其承载强度，结合有限元 Abaqus 数值模拟方法，通过在墙体内部设置不同的构造配筋方式，研究横向拉筋和纵向水平分布筋对支护结构体承载性能的影响，为堆喷巷旁支护结构体提供设计依据。

根据《混凝土结构设计规范》(GB 50010—2010)，混凝土受压柱模型构件的横向对拉约束钢筋的间距不应大于 600 mm。因此，在墙体两侧各设置一层钢筋网片的基础上，设计横向对拉钢筋的间距分别为 600 mm、400 mm 以及不布置对拉钢筋三种方案，并在横向拉筋间距为 400 mm 的基础上布置纵向水平分布筋，研究墙体的竖向承载能力。墙体的构造配筋方式如图 4-5 所示，模拟得到的墙体垂直应力与横向变形结果如图 4-6 所示，墙体的塑性应变云图如图 4-7 所示，构造配筋的应力云图如图 4-8 所示。

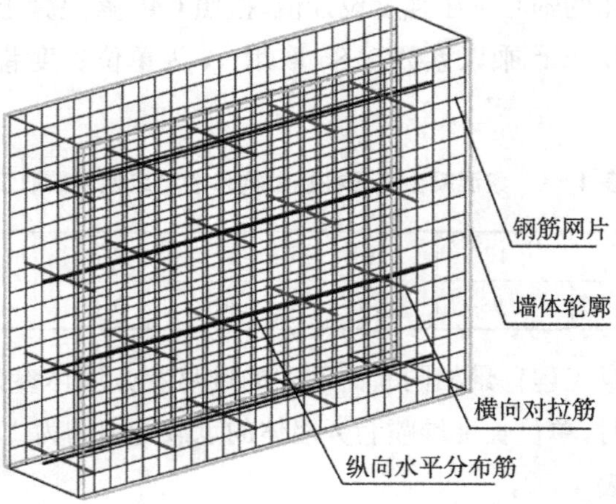

图 4-5 堆喷混凝土巷旁墙体配筋示意图

分析图 4-6 所示的墙体竖向载荷与横向变形模拟结果得出，墙体在加载前期主要为混凝土受力，当混凝土出现较大的横向变形(横向位移 2.2 mm)时，横向拉筋与两侧的钢筋网片开始限制混凝土继续横向变形。无配筋墙体的峰值载荷为 354.2 kN，间距 600 mm 横向拉筋对应墙体的峰值载荷为 370.4 kN，

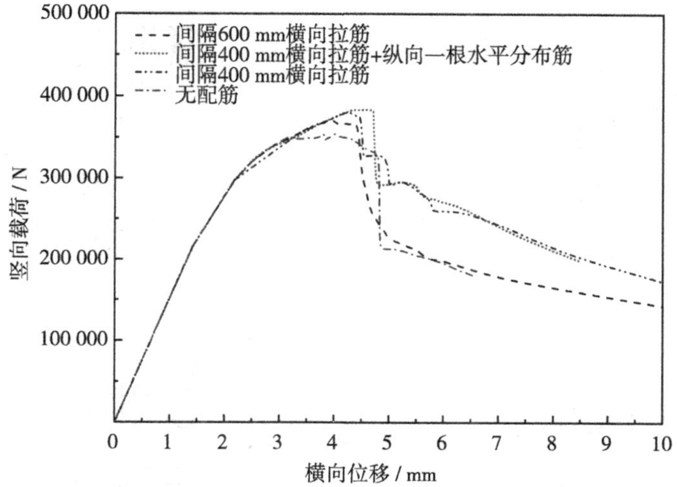

图 4－6　墙体竖向载荷与横向变形模拟结果

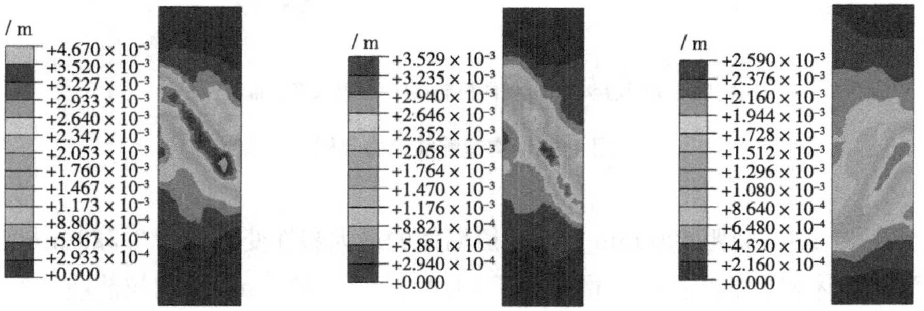

（a）无配筋　　（b）间距600 mm横向拉筋　　（c）间距400 mm横向拉筋

图 4－7　墙体塑性应变云图

间距 400 mm 横向拉筋对应墙体的峰值载荷为 380.0 kN，间距 400 mm 横向拉筋＋纵向一根水平分布筋对应墙体的峰值载荷为 383.6 kN。因此，墙体的竖向承载能力随着横向拉筋间距的减小而增大；纵向水平分布筋也可以提高墙体的竖向承载能力，但影响程度较小。

分析图 4－7 所示的墙体塑性应变云图得出，受竖向载荷作用时，墙体的塑性变形主要发生在中部位置；对拉钢筋可以限制混凝土的横向变形，从而在一定程度上提高墙体的竖向承载能力和抵抗变形能力，且竖向承载力随着横向拉筋间距的减小而增大。同一模型以及载荷条件下，无配筋墙体的最大塑性变形

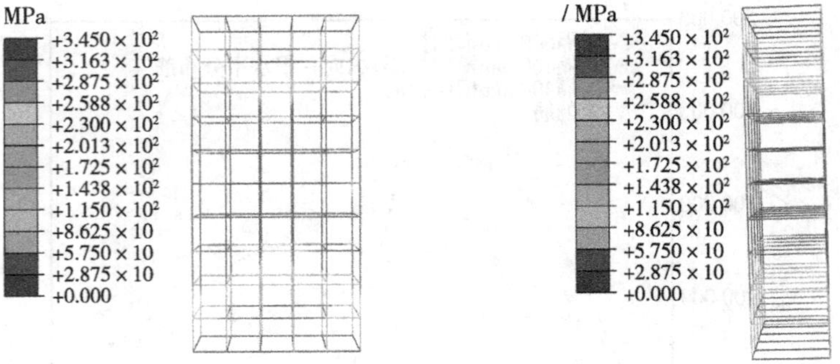

（a）间距400 mm横向拉筋

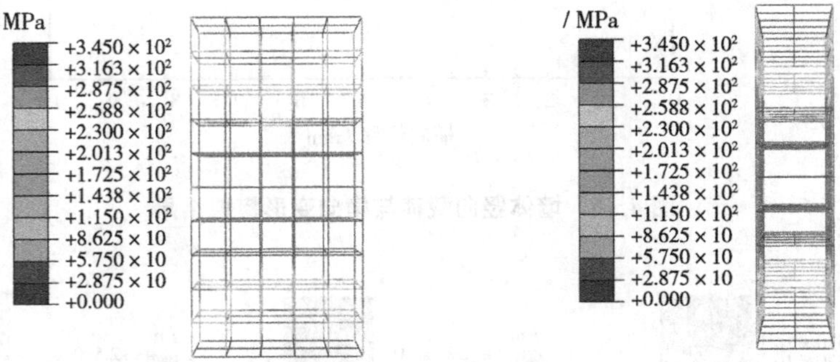

（b）间距400 mm横向拉筋+纵向一根水平分布筋

图 4-8　构造配筋应力云图

量为 4.67 mm；间距 600 mm 横向拉筋墙体的最大塑性变形量为 3.529 mm，与无配筋墙体相比的塑性变形量减小了 24.4%；间距 400 mm 横向拉筋墙体的最大塑性变形量为 2.59 mm，与无配筋墙体相比的塑性变形量减小了 44.5%。因此，在实际配筋时，应适当减小横向拉筋的间距。

分析图 4-8 所示的构造配筋应力云图得出，墙体中部横向拉筋的应力值最大，为 345.0 MPa；随着朝墙体的上、下方向发展，内部横向拉筋的应力值逐渐减小，墙体顶部和底部横向拉筋的最大应力值为 28.75 MPa，仅为中部横向拉筋最大应力值的 8.3%。因此，在实际配筋时，可以增大墙体中部横向拉筋的强度和减小间距，以提高墙体的竖向承载和抵抗变形破坏的能力。

根据《混凝土结构设计规范》(GB 50010—2010)，内置构造配筋混凝土墙体的正截面受压承载能力为：

$$P_{pj}=0.9(f_c \cdot A_{cor}+2\alpha \cdot f_y \cdot A_{sso}+f_y \cdot A_s) \tag{4-5}$$

式中，P_{pj} 为内置构造配筋混凝土墙体的正截面受压承载能力，kN；f_c 为堆喷混凝土墙体的轴心抗压强度设计值，取 C40 素混凝土的轴心抗压强度设计值为 19.1 N/mm^2；f_y 为构造配筋的抗拉强度，Pa；α 为构造配筋对混凝土约束的折减系数，当强度等级低于 C40 时，取 1.0；A_{cor} 为墙体的核心承载面积，取构造配筋内表面范围的混凝土截面面积，mm^2；A_s 为单根构造配筋的截面面积，mm^2；A_{sso} 为墙体内构造配筋的换算面积，mm^2。$A_{sso}=(\pi d_{cor}\cdot A_s)/s$，其中 s 为构造配筋沿墙体高度方向的间距，m；d_{cor} 为构造配筋沿墙体走向方向的内表面距离，m。

将本书第 6 章工程应用的沿空留巷堆喷巷旁墙体尺寸及配筋参数代入式(4-5)，计算得出单位长度堆喷巷旁墙体的承载能力为 15 566 kN，参数选取及计算结果见表 4-3。

表 4-3　构造配筋堆喷巷旁支护体承载性能计算结果

符号	含义	单位	取值
α	构造配筋对混凝土约束的折减系数	—	1.0
f_y	构造配筋的抗拉强度	Pa	235.0×10^6
f_c	堆喷混凝土的轴心抗压强度设计值	N/mm^2	19.1
A_s	单根构造配筋的截面面积	mm^2	78.5
A_{cor}	墙体的核心承载面积	mm^2	792 000
A_{sso}	墙体内构造配筋的换算面积	mm^2	328.7
P_{pj}	含构造配筋堆喷巷旁墙体的承载能力	kN	15 566

对比表 4-2 和表 4-3 所示的堆喷巷旁支护体承载性能计算结果得出，相同断面尺寸条件下，无构造配筋时单位长度墙体的承载能力为 11 689 kN，构造配筋时单位长度墙体的承载能力为 15 566 kN，提高了 17.8%，为沿空留巷的堆喷巷旁支护体结构设计提供了依据。

综合上述研究结果，为了提高沿空留巷巷旁支护体的承载强度和抗剪切变形能力，在墙体两侧分别设置一层钢筋网片，在墙体内设置对拉钢筋等构造配筋，对堆喷支护体具有限位作用，使两侧钢筋网片和内置对拉钢筋形成作用于结构体的横向约束力。在上覆岩层压力、两侧钢筋网片和内置对拉钢筋约束力的共同作用下，使堆喷混凝土处于三向受力状态，从而提高巷旁支护体的竖向承载能力和整体稳定性，也可以适当减小巷旁支护体的厚度。

4.4 沿空留巷覆岩结构及巷旁承载力学模型

巷旁支护体作为沿空留巷围岩的关键组成部分，其结构稳定性和承载性对于顶板控制极其重要。沿空留巷巷旁支护的难点在于设计出符合工作面顶板岩层运动特征的支护方式，而设计出合适的巷旁支护需要掌握沿空留巷的覆岩结构。由于采矿工程的特殊性，长壁工作面开采以后的覆岩垮落情况和结构特征较难现场观测。室内相似模拟试验可以在一定程度上获得覆岩的结构形态。因此，为了分析沿空留巷的覆岩结构，揭示巷旁支护与覆岩结构的相互作用机制，基于辛安矿 11212－2 工作面的采矿地质条件，通过二维相似模拟试验对墙式巷旁支护沿空巷道的覆岩结构进行研究与分析，进一步构建巷旁支护体的承载力学模型。

4.4.1 沿空留巷覆岩结构试验研究

4.4.1.1 *试验方案*

采用与天然岩石物理力学性质相似的实验材料，确定原型与模型之间的相似关系和相似准则，按照一定的比例缩小并搭建模型。然后在模型中预留巷道、巷旁支护体，模拟煤层开采，观测沿空巷道的围岩变形以及顶板垮落形态，从而掌握其覆岩结构特征，为沿空留巷顶板控制提供科学依据[145]。相似模拟试验的顶底板岩层柱状图如图 2－5 所示，煤岩层的物理力学参数见表 2－2。

根据研究问题的性质，模型与原型相似的三个主要条件为几何相似、强度相似和应力相似[146-147]。

(1) 几何相似

试验使用的模型装置为如图 4－9 所示的二维相似模拟试验平台，该装置的有效尺寸为长×宽×高＝3.0 m×0.2 m×2.6 m。几何相似要求试验模型与采场原型的几何形状相似，模型越大，越能反映原型的实际情况[148]。因此，根据试验装置尺寸和所研究采场的实际大小，确定几何相似比例为 40。

$$\alpha_l=\frac{l_p}{l_m}=40 \tag{4-6}$$

式中，α_l 为相似模型的几何相似比例；l_p 为原型的实际尺寸，120 m；l_m 为模型的实际尺寸，3.0 m。

图 4-9 相似模拟试验平台示意图

根据几何相似比例，模型中的沿空巷道为宽×高＝10.0 cm×8.0 cm 的矩形，沿煤层顶板布置。使用高强度的亚克力板材自制并拼装巷道模型，搭建试验模型时在设计位置预留巷道空间，待模型中的相似材料凝结硬化并具备采空区开挖条件时，将巷道模型抽出，从而获得待模拟的巷道空间。

(2) 强度相似

强度相似是指试验模型中所用的相似材料强度与实际岩层的强度遵循一定的相似关系[149]。试验所用的相似模拟材料为砂子、熟石灰、石膏、硼砂和云母粉。材料的容重相似比为 1.6，强度相似关系根据相似材料的配比标定试验确定。

$$\alpha_\gamma=\frac{\gamma_p}{\gamma_m}=1.6 \tag{4-7}$$

式中，α_γ 为相似模型的容重相似比；γ_p 为原型中的岩层容重，取 2.5 g/cm^3；γ_m 为模型中相似材料的容重，取 1.6 g/cm^3。

(3) 应力相似

试验研究的辛安矿 2$^\#$ 煤层的埋藏深度为 700～800 m，相似模型中模拟的顶板岩层高度为 60 m，未体现的剩余上覆岩层采用补偿加载方式模拟原型应力场。应力相似比为 64，根据应力相似在模型顶部施加的补偿载荷为 0.25 MPa，加载方式为压缩气囊[150]。

$$\alpha_\sigma=\frac{\sigma_p}{\sigma_m}=\frac{l_p}{l_m}\cdot\frac{\gamma_p}{\gamma_m}=\alpha_l\cdot\alpha_\gamma=40\times1.6=64 \tag{4-8}$$

结合试验平台尺寸和研究目的，设计的相似模拟试验方案示意图如图

4－10 所示。按照图 2－5 所示的顶底板岩层柱状图逐层铺设试验模型，模型的总高度为 260 cm，其中煤层厚度为 11 cm，顶板岩层厚度为 150 cm，其余为底板岩层。巷道为宽×高＝10.0 cm×8.0 cm 的矩形，沿煤层顶板布置；巷道左侧为宽度 63.5 cm 的实体煤，右侧为宽×高＝2.5 cm×8.0 cm 的巷旁支护体，巷旁支护体右侧为宽度 224 cm 的开挖范围，模拟的采空区实际宽度为 93.6 m。模型中未铺设的上覆岩层，根据应力相似关系等效为 0.25 MPa 的垂直均布载荷。

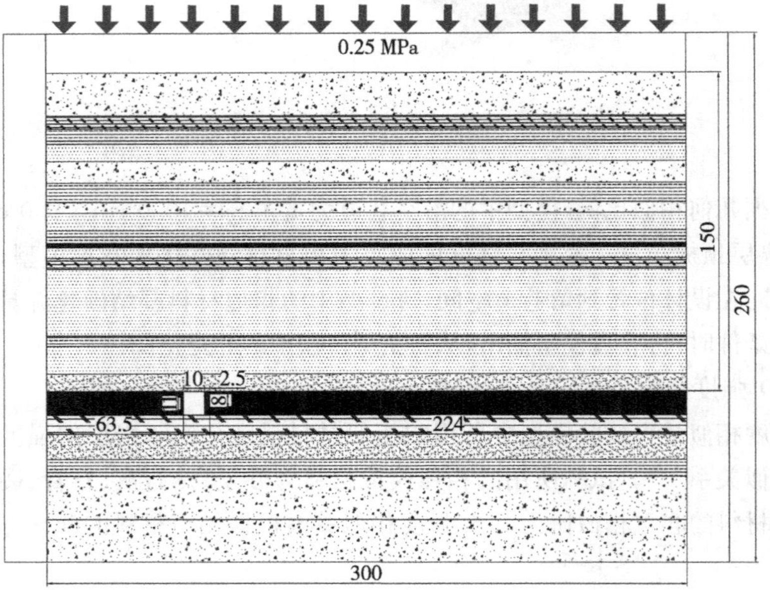

图 4－10　相似模拟试验方案示意图

4.4.1.2　相似模型构建

(1) 搭设相似模型

通过相似配比实验确定模型中各岩层的材料配比以后[151]，按照图 4－10 所示的试验方案逐层搭设相似模型。相似模型搭设过程中，首先确定沿空巷道和巷旁墙体的位置，把巷道模型放在留巷位置，并在巷旁墙体位置装填与堆喷支护体性能相似的材料。为了减少巷道模型与相似材料之间的摩擦力，有利于后期抽出，在巷道模型四周包裹一层塑料薄膜。为了使巷旁支护体成形规整且不被超挖，沿竖直方向在巷旁支护体与模拟开挖煤层的相似材料之间同样铺设一层塑料薄膜。为了模拟巷道顶板的锚网索支护，使用直径为 1 mm 的铅丝模拟锚杆和锚索，使用边长为 10 mm 的正方形薄铝片模拟锚杆和锚索的托盘，在铅丝端头打结模拟锚杆和锚索的锚固端[152]。相似模型及巷旁支护体的搭设过程如图 4-11 所示。

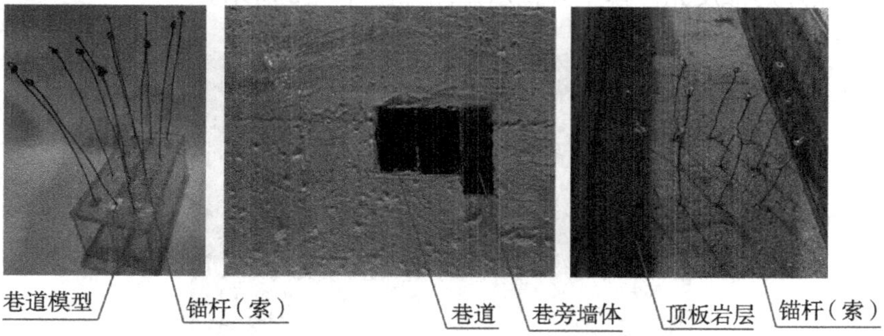

图 4-11 相似模型及巷旁支护体搭设工作照

(2) 采场垮落形态及巷道围岩变形监测

相似模型搭设好并具备开挖条件以后，从模型中抽出预制的亚克力板材巷道模型，从而获得完整的巷道空间。采场开挖过程中，在模型正面使用数字图像技术(Digital Image Correlation，简称 DIC)非接触测量覆岩的垂直位移量和应变值。具体实施方法是采用高速相机连续拍摄试验模型照片，识别并追踪初始照片上的散斑标志点，根据需要计算出监测点的变形[153-154]。模型开挖结束后，打开试验平台后部的槽钢，使用工业相机拍摄相似模型的全景照片，分析覆岩的自然垮落形态以及采场结构特征[155-156]。巷道围岩位移的数字图像监测方式如图 4-12 所示。

图 4-12 巷道围岩数字图像监测方式

(3) 相似模型采空区开挖

试验模型搭设好并自然干燥 21 d 以后,开始开挖。为了防止开挖过程中垮落的顶板岩块从模型前面掉落,在模型正面安装了一块高强度的透明亚克力板,导致照片局部反光。模型开挖示意图如图 4 - 13 所示。

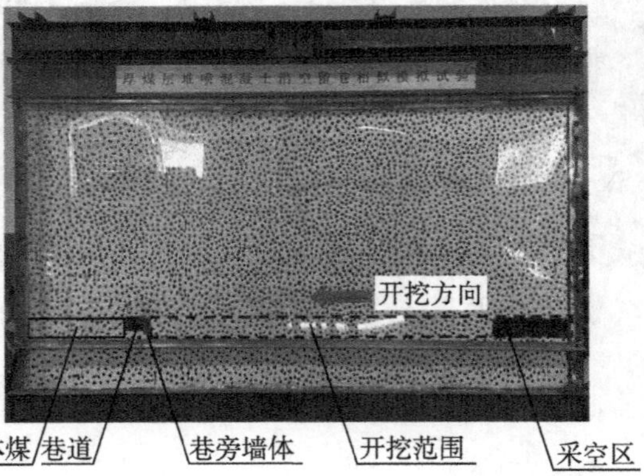

图 4 - 13　模型开挖示意图

4.4.1.3　*沿空留巷覆岩结构分析*

相似模型开挖以后的巷道围岩垂直位移及应变监测结果如图 4 - 14 所示,顶板下沉变形稳定之后的覆岩宏观结构形态如图 4 - 15 所示,采空区顶板岩层的垮落角度和顶板岩梁的铰接结构如图 4 - 16 所示。

分析图 4 - 14 所示的巷道围岩变形监测结果得出,巷旁墙体位置的顶板垂直位移量为 2.932 mm,煤帮肩角位置的顶板垂直位移量为 1.845 mm,沿空留巷顶板朝采空侧的倾斜率为 0.65°;底板的垂直位移量小于 1 mm。煤帮浅部 12 mm 范围和巷旁墙体底角的应变率较大。与煤帮相比,巷旁支护体的强度较大,可视为刚性体,巷道顶板变形使巷旁支护体传递较大的顶板载荷于底煤,导致巷旁支护体采空侧底角位置的煤体发生了一定程度的损伤破坏,主要表现为压剪塑性变形。分析造成这种现象的原因是模拟的煤层厚度为 11 cm,回采巷道的高度为 8 cm 且沿煤层顶板布置,巷旁支护体底部存在 3 cm 的煤层,采空区煤体被开挖以后,巷旁支护体作为巷道的主要承载结构,受到的上覆载荷较大。相比较而言,支护体的强度远大于煤体的强度,巷旁支护体将顶板载荷传递到底板煤体,同时由于底角位置的煤体无侧向约束,进而发生了塑性变形。

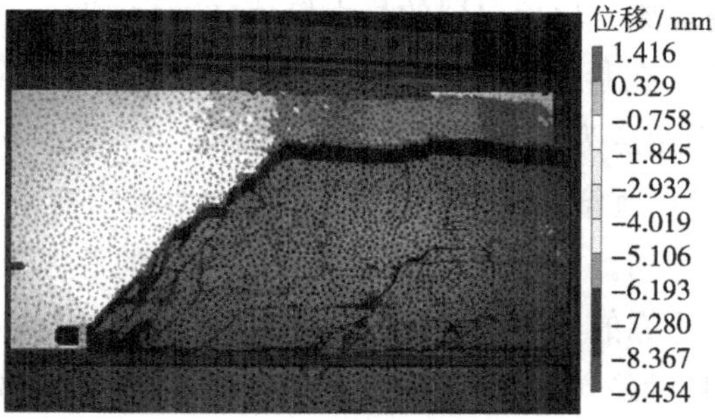

（a）垂直位移云图

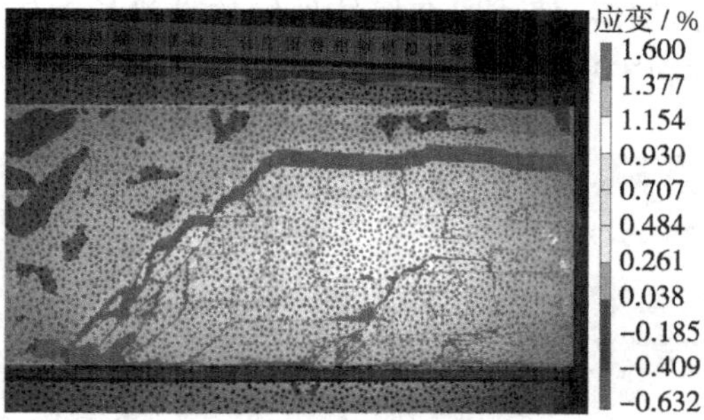

（b）垂直应变云图

图 4－14　巷道围岩的变形监测结果（正面）

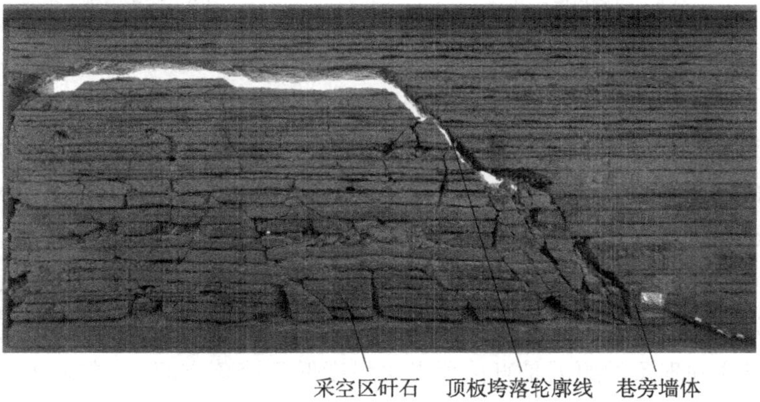

图 4－15　顶板垮落及覆岩结构模拟结果（背面）

分析图 4－15 所示的模拟结果得出，相似模型中的采空区煤体全部开挖以后，从表面形态观察，巷道的顶板、底板、煤帮及巷旁支护体保持稳定状态，未发生明显的变形失稳现象。顶板岩层的最大垮落高度为120 cm，是回采煤层厚度(11 cm)的10.9倍。在巷旁墙体的支撑作用下，采空侧的顶板岩层破断形态呈倒梯形特征，断裂起始点为巷旁支护体的采空侧肩角位置。采空区顶板岩层垮落充分，从下向上分层逐渐垮落，且垮落岩块规则地堆积在采空区，未垮落的岩层形成了拱式支承结构。由此说明沿空巷道高强度的巷旁支护结构体不仅能够对留巷顶板提供可靠的支撑作用，维护巷道围岩小结构稳定，而且还能发挥类似切顶柱的作用，对采空侧悬臂顶板垮落具有一定的促进作用，使沿空留巷的采空区侧向悬臂岩梁在矿压及巷旁支护结构体的高强支撑作用下，沿着支护体的采空侧边缘压剪切落，使残留在墙体外侧的悬梁长度较短，减轻巷道围岩承受的顶板压力，有利于沿空留巷的顶板控制。

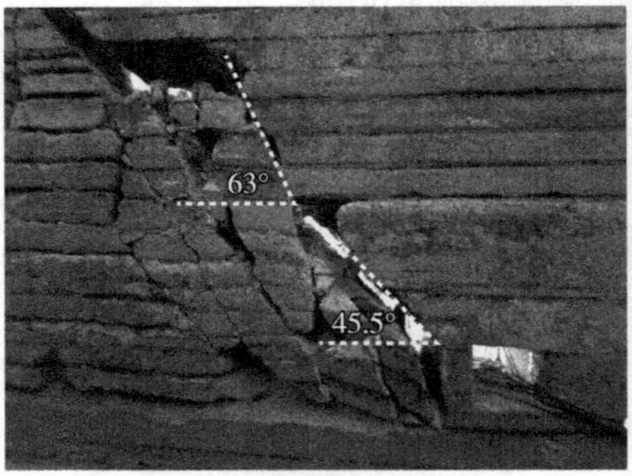

(a) 垮落角度

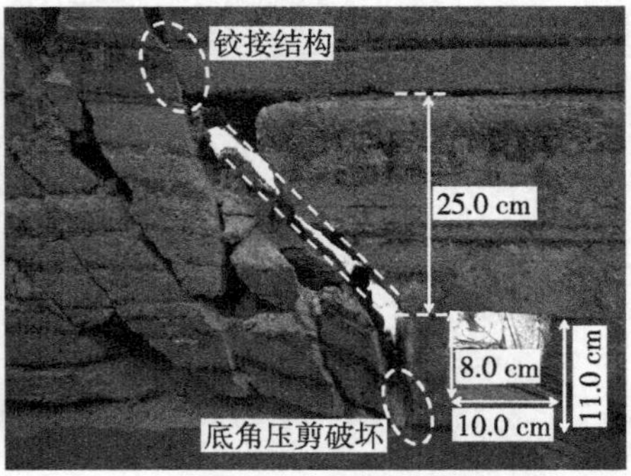

(b) 铰接结构

图4-16　采空侧顶板垮落角度以及铰接结构模拟结果

分析图4-16(a)所示的模拟结果得出，不同高度顶板岩层的自然垮落形态类似，均呈现倒梯形断裂特征，但垮落角度不同，低位岩层的垮落角度小于高位岩层的垮落角度。其中顶板从下向上25.0 cm范围的低位岩层(3.0 m粉砂岩、5.0 m细粒砂岩、2.1 m泥岩)同步垮落，垮落角度为45.5°；顶板从下向上25.0～57.5 cm范围的高位岩层(12.9 m细粒砂岩)整体垮落，垮落角度为63°。分析造成这种现象的原因是直接顶岩层强度低且垮落空间大，在旋转下沉过程中，以巷旁支护体为一个支撑点发生了断裂与垮落；基本顶岩层的厚度大且强度较高，垮落空间相对较小，在旋转下沉过程中以直接顶悬伸岩梁为支撑发生了断裂。

分析图4-16(b)所示的模拟结果得出，顶板从下向上25.0 cm范围的低位岩层(3.0 m粉砂岩、5.0 m细粒砂岩、2.1 m泥岩)同步垮落以后，已经垮落的岩块与悬伸岩梁呈分离状态，分析出现这种现象的原因是厚煤层开采时的采空区高度大(4.4 m)，垮落的直接顶岩层碎胀后未充填满采空区空间，并不能对未垮落的岩层提供支撑作用，从而呈现分离状态。顶板从下向上 25.0～57.5 cm 范围的上位岩层垮落以后，已经垮落的岩块与未断裂的悬伸岩梁形成了铰接结构，该铰接结构可以给未垮落的上覆岩层提供一定的支撑作用。

沿空留巷覆岩结构试验以及前人研究成果均表明，长壁工作面采场覆岩在垮落过程中，最终形成了拱式稳定结构[157]。沿空留巷位于采场边缘，是拱式结构的一个拱脚。工作面煤层被采出以后，在采空区上覆岩层自重以及巷旁支护体的支撑作用下，浅部强度较低的直接顶岩层按照一定角度逐层自然垮落，形成倒梯形状的垮落形态；深部强度较高的基本顶岩层经过变形、旋转、垮落形成自然平衡拱结构。

沿空留巷的围岩大、小结构示意图如图 4-17 所示。应力拱下方的岩层由于发生了较大的变形破坏而处于塑性状态，应力拱上覆岩层受到的采动影响较小，处于弹性状态。变形垮落的基本顶岩体形成断裂拱结构，并对其上方未完全垮落的岩层提供支撑作用。定义大结构为断裂拱和应力拱之间的自然平衡拱结构岩层，小结构为巷道围岩及其巷旁支护体[158-159]。沿空留巷小结构位于大结构的下方，大结构承载了绝大部分的上覆岩层载荷，对小结构发挥保护作用。同时，沿空留巷小结构位于大结构的拱脚位置，一旦小结构围岩失稳，大结构及其上覆岩层重新平衡的过程也会对留巷围岩小结构产生不利影响。因此，采场大结构与沿空留巷围岩小结构的稳定相辅相成，围岩控制需要加强小结构

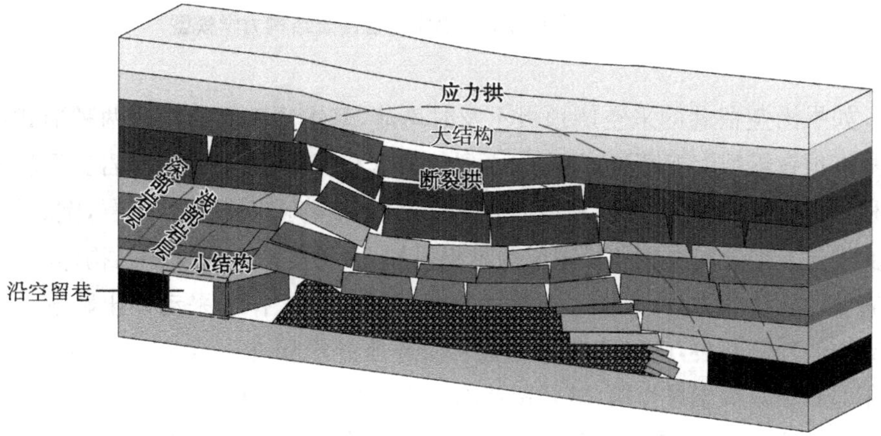

图 4-17　沿空留巷的围岩大、小结构示意图

支护，提高大结构的整体稳定性[160]。巷旁支护体作为沿空留巷采空侧的承载结构，发挥隔离采空区和支撑巷道顶板的作用，是巷道围岩小结构的核心支撑，对于沿空留巷围岩小结构稳定以及顶板控制非常重要。

4.4.2 巷旁支护体承载力学模型

堆喷沿空留巷时，紧跟工作面在采空区边缘构建巷旁支护体，滞后采煤工作面一定距离及时间，巷道围岩以及采空区顶板岩层活动形成稳定结构。将稳定阶段的沿空留巷围岩作为研究对象，根据煤系岩层的赋存特点以及前人研究成果[161-163]，建立如图 4-18 所示的墙式巷旁支护沿空留巷围岩结构力学模型，求解巷旁隔离墙支护结构体受到的顶板载荷。厚煤层开采条件下，回采巷道布置方式一般有沿煤层底板掘进和沿煤层顶板掘进两种方法，本书以沿煤层顶板布置的回采巷道为分析对象。

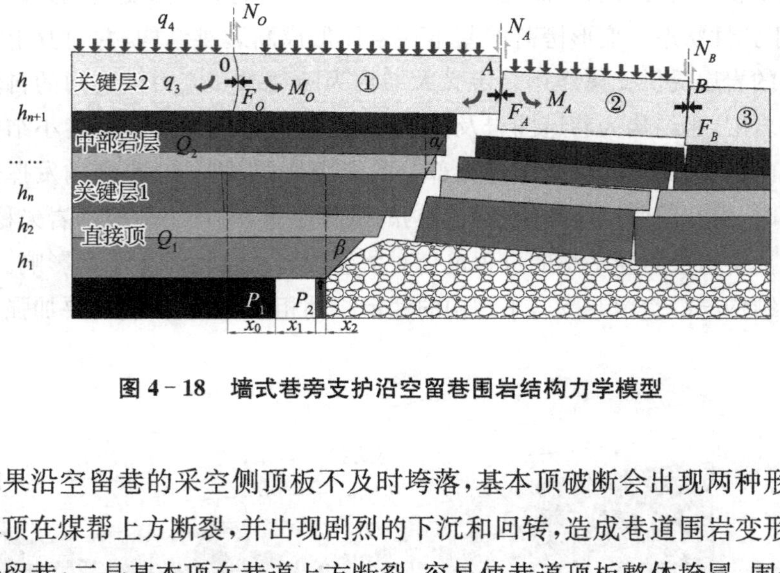

图 4-18 墙式巷旁支护沿空留巷围岩结构力学模型

如果沿空留巷的采空侧顶板不及时垮落，基本顶破断会出现两种形式：一是基本顶在煤帮上方断裂，并出现剧烈的下沉和回转，造成巷道围岩变形较大，不利于留巷；二是基本顶在巷道上方断裂，容易使巷道顶板整体垮冒，围岩控制难度较大。结合前文相似模拟试验结果可知，高强度的巷旁支护结构体具有一定的被动切顶能力，可以使采空侧的顶板岩层在本工作面采动矿压影响下，沿着支护体外侧断裂，已经垮落的顶板岩层碎胀并堆积在采空区，对上部未垮落的深部岩层提供支撑作用，减轻留巷围岩小结构受到的上覆载荷。

沿空留巷围岩结构能够保持稳定的条件是力的平衡原理，对于岩块②，沿水平方向、竖直方向所受到的外力和弯矩平衡，则有：

$$\sum F_x = F_A - F_B = 0 \tag{4-9}$$

$$\sum F_Y = N_A - N_B - (q_3 + q_4) \cdot L = 0 \tag{4-10}$$

$$\sum M = M_A + F_B \cdot (h - \Delta S_B) - N_B \cdot L - (q_3 + q_4) \cdot \frac{L^2}{2} = 0 \tag{4-11}$$

整理得：

$$N_B = \frac{M_A + F_B \cdot (h - \Delta S_B) - (q_3 + q_4) \cdot L}{2} \tag{4-12}$$

$$N_A = \frac{M_A + F_B \cdot (h - \Delta S_B) + (q_3 + q_4) \cdot L}{2} \tag{4-13}$$

设岩块②受到采空区垮落矸石的垂直支撑力为零，在断裂点 B 位置的下沉量为 ΔS_B，h 为关键层 2 的厚度。则：

$$F_A = F_B = \frac{L^2 \cdot q_3}{2(h - \Delta S_B)} \tag{4-14}$$

进一步设 q_i 为顶板各岩层单位长度的重量，h_i 为顶板各岩层的厚度，各岩层的重量等于单位长度重量乘岩层厚度，则：

$$Q_1 = \sum_{i=1}^{n} q_i \cdot (x_0 + x_1 + x_2 + \tan\beta \cdot \sum_{i=1}^{n} h_i) \tag{4-15}$$

$$Q_2 = \sum_{i=n+1}^{m} q_i \cdot (x_0 + x_1 + x_2 + \tan\beta \cdot \sum_{f=1}^{n} h_i + \tan\alpha \cdot \sum_{f=n+1}^{m} h_f) \tag{4-16}$$

沿空留巷煤帮的极限平衡区宽度与采高、煤层内摩擦角、侧压系数等参数有关，计算方法参考张智敏等[164]的研究成果。沿空留巷煤帮塑性区煤体对顶板岩层的支撑力与顶板岩层厚度、岩性等参数有关，计算方法参考柏建彪等[165]、赵萌烨等[166]的研究成果。

对于岩块 OA，由 $\sum M = 0$ 得到修正系数 k。

$$k = 1 + \frac{\tan\beta \sum_{f=1}^{n} h_f + \tan\alpha \sum_{f=n+1}^{m} h_f}{x_0 + x_1 + x_2} \tag{4-17}$$

由此得出：

$$M_O - M_A + \int_0^{x_0} P_1 \cdot (x_0 - x)\mathrm{d}x + P_2 \cdot (x_0 + x_1 + \frac{x_2}{2}) + F_A \cdot (h - \Delta S_A) - (q_3 + q_4) \cdot \frac{L^2}{2} - (Q_1 + Q_2) \cdot \frac{(x_0 + x_1 + x_2)^2}{2} \cdot k - N_A \cdot L = 0$$

(4-18)

假设关键层 2 未断裂时的岩梁 OB 为固支梁，固支边界为断裂位置 O。当岩梁 OB 发生的弯曲下沉达到最大挠度时，沿着弯矩最大的位置(A 点)发生断裂。固支岩梁 OB 断裂前的受力如图 4-19 所示。

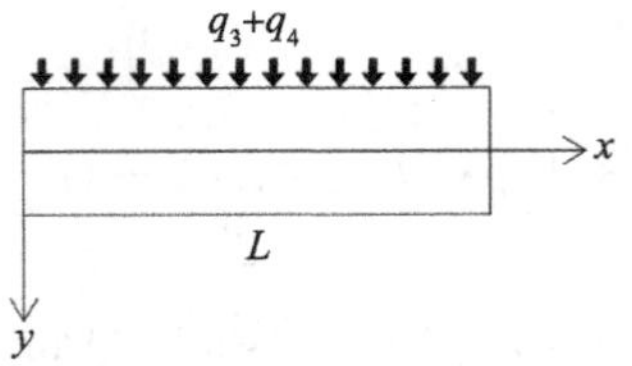

图 4-19　固支岩梁 OB 受力示意图

设 ω 为岩梁的弯曲挠度，x 为断裂面的位置，EI 为岩梁的抗弯刚度，ν 为关键层 2 的泊松比。根据 Timoshenko 梁理论，得到岩梁的挠度表达式为：

$$\omega=\frac{(q_3+q_4)\cdot L^4}{24EI}\left[\frac{(L-x)^4}{L^4}+\frac{4x}{L}-1\right]+\frac{(q_3+q_4)\cdot L^4}{20EI}\left(\frac{h^2-2x^2+5Lx}{L^2}\right)\cdot(1+\nu) \tag{4-19}$$

$$\frac{\mathrm{d}^2\omega}{\mathrm{d}x^2}=\frac{(q_3+q_4)(L-x)^2}{2EI}+\frac{(q_3+q_4)\cdot L^2\cdot(h^2-4)(1+\nu)}{20EI} \tag{4-20}$$

根据材料力学相关知识易知 $\pm\frac{\mathrm{d}^2\omega}{\mathrm{d}x^2}=\frac{M(x)}{EI}$，则：

$$M_O=-\frac{(q_3+q_4)\cdot L^2\cdot(h^2+6)}{20} \tag{4-21}$$

$$M_A=-\frac{(q_3+q_4)\cdot L^2\cdot(h^2-4)}{20} \tag{4-22}$$

联立式(4-12)、式(4-13)、式(4-14)、式(4-19)、式(4-21)和式(4-22)得出，单位长度巷旁支护结构体受到的顶板载荷 P_2 为：

$$P_2=\left[\begin{array}{l}\frac{1}{20}(q_3+q_4)L^2(17-h^2)+\frac{L^2q_3(1+h-\Delta S_B)}{2(h-\Delta S_B)}-\\ \int_0^{x_0}P_1(x_0-x)\mathrm{d}x+(Q_1+Q_2)\cdot\frac{(x_0+x_1+x_2)}{2}\end{array}\right]\cdot\left(x_0+x_1+\frac{1}{2}x_2\right)-1 \tag{4-23}$$

因此，工程应用时将具体参数代入式(4-23)中，即可理论计算得出沿空留巷巷旁支护结构体受到的顶板载荷 P_2，明确了堆喷混凝土沿空留巷墙式支撑结构的承载要求，为确定墙体结构及支护阻力等参数提供依据。

根据现场条件，将本书第 6 章工业性试验的 11212－2 工作面的相关参数代入式(4－23)，计算得出沿空留巷单位长度的巷旁支护结构体受到的顶板载荷为 7 096 kN，参数选取及计算结果见表 4－4，为巷旁支护结构体设计提供依据。

表 4－4　巷旁支护结构体受到的顶板载荷计算结果

符号	含义	单位	取值
L	关键层 2 断裂岩块的长度	m	10
q_3	单位长度关键层 2 的岩层重量	kN/m	25
q_4	关键层 2 所控制的上覆顶板岩层单位长度的重量	kN/m	25
ΔS_B	关键层 2 断裂岩块在 B 点位置的下沉量	m	1.37
h	关键层 2 的厚度	m	12.9
Q_1	留巷上覆直接顶、关键层 1 的岩层重量	kN	739
Q_2	关键层 1 和关键层 2 之间顶板岩层的重量	kN	390.9
x_0	沿空留巷煤帮的极限平衡区宽度	m	2.97
x_1	沿空留巷的宽度	m	3.25
x_2	沿空留巷巷旁支护结构体的宽度	m	0.8
P_1	巷帮塑性区煤体对顶板岩层的支撑力	kN	1 200
P_2	单位长度巷旁支护结构体受到的顶板载荷	kN	7 096

4.5　沿空留巷初期临时维护力学模型

根据巷道所处的时间和空间位置关系，沿空留巷围岩会经历多次采掘动压影响，分别是巷道掘进影响阶段、一次采动超前影响阶段、一次采动滞后影响阶段、二次复用采动超前影响阶段[167]。根据受采动影响的程度以及矿压显现强度，堆喷沿空留巷的动压分区示意图如图 4－20 所示，沿工作面推进方向依次划分为超前支护区、临时支护区和沿空留巷稳定区。

从巷道功能的角度划分，沿空留巷属于回采巷道；但服务周期较长（服务于两个采煤工作面），从时间角度划分属于中长期巷道。工作面回采推进过程中，巷道与煤壁的相对位置不断发生变化，不同位置的巷道受采动影响的程度不

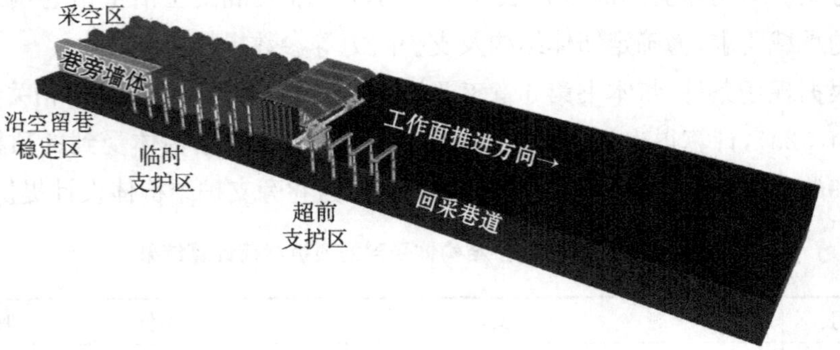

图 4-20　堆喷沿空留巷动压分区示意图

同。工作面超前段受到采动超前压力的影响;工作面开采以后,采空区顶板开始垮落,但从垮落到稳定需要一定的时间,动压影响强烈,工作面后方附近的沿空留巷需要的维护强度比较大,以便抵抗和度过采空区顶板岩层垮落等动压影响。生产实践表明,留巷初期采空区顶板岩层的下沉及垮落是留巷围岩变形最剧烈的阶段[168]。因此,仅靠巷道内的常规锚网索支护将难以控制留巷初期阶段的基本顶断裂和垮冒,还必须进行分区辅助加强支护。

如图 4-20 所示,煤壁前方的巷道顶板受到实体煤支撑,留巷后期的采空区顶板岩层运动逐渐稳定。紧邻煤壁范围由于煤体被采出而解除了对巷道顶板的约束,留巷空间位于采空区边缘,长壁工作面回采引起的上覆岩层运动和发展是自下而上的,上部岩层运动具有一定的滞后现象,导致沿空留巷围岩会在较长时间内受到上覆岩层运动的影响。相较于其他时间,留巷初期是顶板支护的薄弱阶段。因此,距离工作面较近的架后区域不仅需要进行挡矸及巷旁支护,还需要对留巷顶板进行临时辅助加强支护。随着工作面回采继续推进,当沿空留巷距离工作面煤壁较远时,采空区顶板岩层运动趋于稳定,此时可以将留巷内的临时支护撤掉,只进行巷旁支护。

现有生产技术条件下,巷道掘进影响通过成熟的锚网索主动支护方式控制,一次采动超前影响通过超前临时支柱+顶梁或门式支架被动加强支护控制,一次采动滞后影响通过一定的巷旁支护以及临时加强支护控制,二次复用采动超前影响同样通过临时支柱+顶梁或门式支架被动加强支护控制。相比较而言,通过超前临时加强支护比较容易控制二次复用过程中的超前动压影响,控制好一次采动滞后影响即能实现留巷成功。因此,掌握沿空留巷初期需要的临时支护强度对于促进留巷顶板的安全稳定可控非常重要。

大量研究结果和工程实践均表明，巷旁支护体采空侧基本顶岩梁的悬伸长度越短，给巷旁支护结构体带来的高应力集中等不利影响程度就越低，巷旁结构体需要的支护强度就越小[169]。因此，不论顶板自然被动垮落还是人工辅助主动切顶，都希望采空侧悬伸顶板沿巷旁支护体外侧及时断裂。临时支护的作用就是要弥补留巷初期巷旁支护体强度不足的问题。借鉴采空侧短臂梁理论，分析沿空留巷初期需要的临时支护强度[170-172]。取沿巷道走向单位长度的围岩结构为分析对象，建立如图 4－21 所示的沿空留巷临时支护结构力学模型。

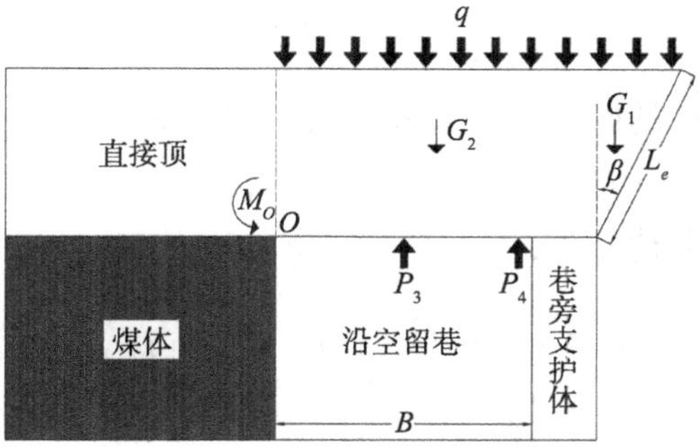

图 4－21　沿空留巷临时支护结构力学模型示意图

如图 4－21 所示，q 为关键层 1 断裂后给巷道顶板施加的均布载荷，N；P_3 为沿巷道走向顶板锚网索提供的支护强度，N/m^2；P_4 为沿巷道走向等效巷旁支护作用的临时支护强度，N/m^2；G_1 为巷旁支护体采空侧悬伸三角顶板的重量，N；G_2 为巷道顶板矩形区域的直接顶岩层重量，N；M_O 为沿空留巷煤帮位置顶板岩梁受到的抗弯力矩，N·m；L_e 为巷旁支护体采空侧悬伸顶板的倾斜长度，m；B 为沿空留巷的宽度，m；β 为巷旁支护体采空侧悬臂顶板断裂线与岩层法向之间的夹角，(°)。

当留巷围岩结构保持稳定状态时，图 4－21 所示的顶板岩梁满足力矩平衡原理，即沿顺时针方向的力矩与沿逆时针方向的力矩大小相等、方向相反，则：

$$M_{P_3}+M_{P_4}+M_O=M_q+M_G \tag{4-24}$$

根据力矩的定义，分别计算式(4－24)中的各项力矩值，如式(4－25)～式(4－32)所示。

$$M_{P_3}=P_3\times\frac{1}{2}B=\frac{1}{2}P_3\cdot B \tag{4-25}$$

$$M_{P_4}=P_4\times B=P_4\cdot B \tag{4-26}$$

根据材料力学相关知识，$\sigma=\dfrac{M\cdot y}{I_Z}$，则$M=\dfrac{\sigma\cdot I_Z}{y}$。式中，$\sigma$为关键层顶板岩梁的单轴抗拉强度，MPa；$I_Z$为矩形截面顶板岩梁对其对称轴$Z$的惯性矩，$I_Z=\dfrac{b\cdot h^3}{12}$，$b=1$，$h=L_e\cdot\cos\beta$；$y$为三角形岩块的重心高度，$y=L_e\cdot\cos\beta/3$。则沿空留巷煤帮位置顶板岩梁受到的抗弯力矩$M_O$为：

$$M_O=\frac{\sigma\cdot I_Z}{y}=\frac{\sigma\cdot\left[\dfrac{1\times(L_e\cdot\cos\beta)^3}{12}\right]}{\dfrac{1}{3}\times L_e\cdot\cos\beta}=\frac{1}{4}\sigma L_e{}^2\cos^2\beta \tag{4-27}$$

假设顶板关键层的厚度为H，m；顶板关键层的容重为γ_2，kN/m^3；顶板关键层的断裂步距为l，m；k为顶板载荷的动载系数，取2～5。断裂顶板施加到悬臂岩梁上的均布载荷q为：

$$q=\frac{k\cdot\gamma_2\cdot\left(\dfrac{l}{2}\times H\times 1\right)}{B+L_e\cdot\sin\beta}=\frac{k\cdot H\cdot\gamma_2\cdot l}{2(B+L_e\cdot\sin\beta)} \tag{4-28}$$

则沿空留巷顶板岩梁在均布载荷q作用下的抗弯力矩M_q为：

$$\begin{aligned}M_q&=[q\cdot(B+L_e\cdot\sin\beta)]\times\frac{B+L_e\cdot\sin\beta}{2}=\frac{1}{2}q\cdot(B+L_e\cdot\sin\beta)^2\\&=\frac{1}{4}kH\gamma_2 l\cdot(B+L_e\cdot\sin\beta)\end{aligned} \tag{4-29}$$

如图4-21所示，顶板岩梁的重力由两部分组成，分别为矩形区域顶板岩梁的重力G_2和三角区域顶板岩梁的重力G_1。假设直接顶岩层的容重为γ_1，kN/m^3，则顶板岩层重力给悬臂岩梁施加的弯矩M_G为：

$$G_1=\gamma_1\cdot V_1=\gamma_1\cdot\left(\frac{1}{2}L_e\cdot\sin\beta\cdot L_e\cdot\cos\beta\times1\right)=\frac{1}{2}L_e^2\cdot\gamma_1\cdot\sin\beta\cos\beta \tag{4-30}$$

$$G_2=\gamma_1\cdot V_2=\gamma_1\cdot(B\cdot L_e\cdot\cos\beta\times1)=BL_e\gamma_1\cdot\cos\beta \tag{4-31}$$

$$\begin{aligned}M_G&=M_{G_1}+M_{G_2}=G_1\times l_1+G_2\times l_2\\&=\frac{1}{2}L_e^2\cdot\gamma_1\cdot\sin\beta\cos\beta\cdot\left(B+\frac{1}{3}L_e\cdot\sin\beta\right)+\frac{1}{2}B^2L_e\gamma_1\cdot\cos\beta\end{aligned} \tag{4-32}$$

将式(4-25)、式(4-26)、式(4-27)、式(4-28)和式(4-29)代入式(4-24)中，得出：

$$\frac{1}{2}P_1 \cdot B + P_2 \cdot B + \frac{1}{4}\sigma L_e^2 \cos^2\beta = \frac{1}{4}kH\gamma_2 l \cdot (B + L_e \cdot \sin\beta) + \frac{1}{2}L_e^2 \cdot \gamma_1 \cdot \sin\beta\cos\beta \cdot \left(B + \frac{1}{3}L_e \cdot \sin\beta\right) + \frac{1}{2}B^2 L_e \gamma_1 \cdot \cos\beta \tag{4-33}$$

进一步简化得到沿空留巷初期，需要的临时支护强度 P_4 为：

$$P_4 = \frac{kH\gamma_2 l(B + L_e \sin\beta)}{4B} + \frac{L_e^2\gamma_1 \sin\beta\cos\beta\left(B + \frac{1}{3}L_e \sin\beta\right)}{8B} + \frac{BL_e\gamma_1\cos\beta}{2} - \frac{\sigma L_e^2\cos^2\beta}{4B} - \frac{1}{2}P_3 \tag{4-34}$$

根据式(4－34)可知，工程实践应用时，针对具体的煤层赋存条件，仅需要明确顶板基本顶岩梁的单轴抗拉强度、厚度、断裂步距、容重以及直接顶岩层的厚度、容重、断裂角度等基础参数，即可以计算得出沿空留巷内需要的临时辅助支护强度。

根据现场条件，将本书第 6 章 11212－2 工作面的工程参数代入式(4－34)，计算得出留巷初期需要的临时辅助支护强度为 1 762 kN/m^2，参数选取及计算结果见表 4－5，为沿空留巷临时辅助支护提供了设计依据。

表 4－5　沿空留巷临时辅助支护强度计算结果

符号	含义	单位	取值
k	顶板动载系数(2～5)	—	4
H	顶板关键层的厚度	m	12.9
B	沿空留巷的宽度	m	3.25
l	顶板关键层的断裂步距	m	15
L_e	支护体采空侧悬伸直接顶岩层的斜长	m	14.2
γ_1	直接顶岩层的容重	kN/m^3	25
γ_2	关键层岩层的容重	kN/m^3	25
σ	关键层岩梁的单轴抗拉强度	MPa	2.84
P_3	顶板锚网索提供的支护强度	kN/m^2	260
β	支护体采空侧悬伸顶板断裂线与岩层法向之间的夹角	(°)	44.5
P_4	沿空留巷的临时初期支护强度	kN/m^2	1 762

根据前文堆喷支护结构体抗压强度实测结果可知，堆喷构筑巷旁支护体的

28 d 龄期强度即可以达到设计的承载能力。因此，沿巷道走向，堆喷沿空留巷内仅需要 28 d 的临时辅助加强支护。

煤体被采出以后，基本顶岩层沿着工作面推进方向发生周期性破断，受此强烈采动影响，沿空留巷初期的辅助加强支护应该具有较大的支撑力和一定的伸缩量，既能适应留巷初始阶段的围岩大变形特点，又能弥补巷旁支护体初期支撑强度的不足，避免顶板断裂和垮冒[173]。同时，留巷初期的辅助支护还具有临时性，动压过后还要回收和重复利用[174]。因此，临时支护材料还应满足操作方便、省时省力和成本低廉的要求。由于单体液压支柱的生产厂家多，不同支撑力及伸缩量的支柱型号多，体积小，易回收，且具有占用巷道空间小等优势，是一种经济、有效、实用的巷内辅助加强支护材料[175]。随着支护装备技术的发展，单元支架和门式支架等沿空留巷专用的临时加强支护装备被广泛开发和使用，显著提高了临时支护的顶板控制效果和机械化程度[176]。堆喷沿空留巷的临时支护方式可以根据具体的生产技术条件选取，通过设计留巷内的支柱工作阻力和布置密度控制支护强度。

4.6 本章小结

巷旁支护体作为支护顶板和维护沿空留巷安全服务的结构物，其结构参数对巷道围岩小结构稳定至关重要。针对巷旁支护体与围岩相互作用体系，本章研究了“顶板-墙体-底板”一体化巷旁支护系统，基于系统刚度对巷旁支护体的断面进行了优化，基于构造配筋对巷旁支护体的结构进行强化，并构建了巷旁支护和巷内顶板临时维护力学模型，为沿空留巷的巷旁支护体结构设计和顶板控制参数选取提供依据。小结如下：

(1) 为了加强顶底板岩层与巷旁支护体之间的耦合效果，实现“顶板-墙体-底板”协同支护，通过在巷旁墙体位置设计顶板锚索和底板锚杆，形成“顶板-墙体-底板”一体化的巷旁支护系统。一方面墙体结构伸入留巷顶板和底板岩层，增大支护体与顶底板交界处的摩擦作用，限制墙体侧向变形，有利于沿空留巷围岩的小结构稳定，增强倾斜煤层或水平应力等复杂地质条件下的适应性。另一方面使墙体与顶底板岩层形成“三位一体”的支护整体，可以充分发挥巷道围岩与巷旁墙体的协同支护作用，更好地控制留巷顶板结构位态，有效促进沿空留巷的围岩稳定。

（2）为了增大巷旁支护体与底板的接触面积，减弱底板对沿空留巷巷旁支护围岩体系刚度的影响，结合井下施工条件和堆喷成型工艺，设计直角梯形作为堆喷沿空留巷的巷旁墙体断面形状，其中靠采空区侧为直角边，靠巷道侧为斜边。直角梯形断面的巷旁支护体在巷道侧具有一定的坡角，还可以提高其抵抗朝巷道内回转和滑移等结构失稳的能力。

（3）构造配筋可以提高支护结构体的承载以及抵抗变形破坏的能力，不同配筋方式对结构体的破坏形态和破坏载荷影响显著。为了提高沿空留巷巷旁墙体的承载强度和抵抗剪切变形能力，在墙体两侧各设置了一层钢筋网片，在墙体内设置对拉钢筋等构造配筋，对堆喷支护体具有限位作用，使两侧钢筋网片和内置对拉钢筋形成作用于结构体的横向约束力。在上覆岩层压力、两侧钢筋网片和内置对拉钢筋约束力的共同作用下，堆喷混凝土处于三向受力状态，从而提高巷旁支护体的竖向承载能力和结构稳定性。

（4）采场大结构与沿空留巷围岩小结构的稳定相辅相成，围岩控制需要加强小结构支护，提高大结构的整体稳定性。高强度的巷旁支护结构体不仅能够对留巷顶板提供可靠的支撑作用，而且还能够发挥类似切顶柱的作用，促进采空侧顶板岩层沿着支护体外侧断裂垮落。

（5）相似模拟试验掌握了沿空留巷的覆岩结构，通过构建巷旁承载结构力学模型，给出了巷旁支护结构体受到顶板载荷的数学解析式，为工程实践应用时确定墙体结构及参数提供了设计依据。

（6）通过构建沿空留巷初期的顶板临时支护力学模型，给出了临时支护强度理论计算方法。工程实践应用时，仅需要明确基本顶岩梁的单轴抗拉强度、厚度、断裂步距、容重以及直接顶岩层的厚度、容重、断裂角度等基础参数，即可计算得出留巷初期需要的临时支护强度。

第 5 章 堆喷混凝土沿空留巷关键技术及顶板控制工艺

沿空留巷的工程目的是巷道复用，即一条巷道需要服务于两个采煤工作面。堆喷沿空留巷的方法就是紧跟采煤工作面，在回采巷道与采空区之间堆喷混凝土构筑一道连续的巷旁墙体，作为巷道的一帮，支撑顶板和隔离采空区，维护巷道围岩的稳定与安全，使该巷道二次复用于相邻的采煤工作面，实现无煤柱开采。堆喷混凝土筑墙沿空留巷方法示意图如图 5 - 1 所示。

图 5 - 1 堆喷沿空留巷示意图

为了实现堆喷混凝土沿空留巷的顶板安全控制，结合堆喷材料属性和施工工艺，研究堆喷料射流运动特征及巷旁支护体自密实无模成型、接力输料高效构建、“干料湿喷”绿色施工等关键技术，给出堆喷沿空留巷顶板控制的整体工艺，为工程实践提供技术及工艺保障。

5.1 巷旁支护体自密实无模成型技术特征

5.1.1 堆喷料射流运动特征

通过堆喷料射流运动过程分析，阐明堆喷巷旁支护体自密实无模成型的技术特征。与输料管路相比，堆喷作业场所可视为无限大空间。堆喷料离开喷头出口进入作业场所后，快速运动的堆喷料束完全不受管路边壁限制，可以视为无限空间的自由射流。堆喷料离开喷头出口的速度较大，料束流动呈紊流状态，称之为紊流射流[177]。数值模拟得到的堆喷料射流场速度矢量分布特征如图 5-2 所示，堆喷料经喷头出口进入大气环境后会发生扩散，同时通过摩擦碰撞带动料束周围的空气进行运动，并把一部分动能传递到周围的空气，从而形成从边缘到料束核心区的速度递增的运动特征。

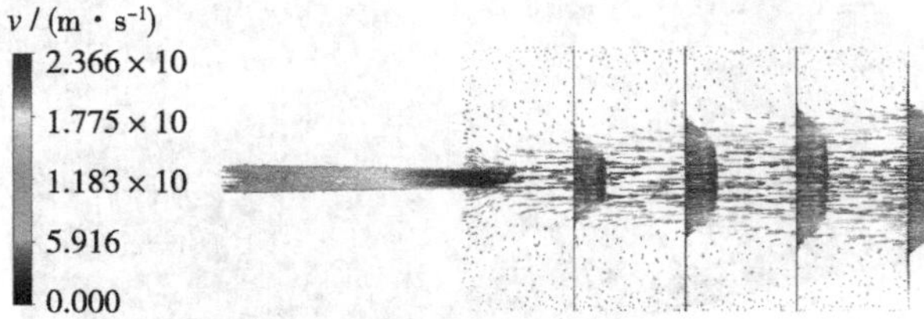

图 5-2　堆喷料射流场的速度矢量分布图

在数值模拟分析的基础上，建立如图 5-3 所示的无限空间圆形断面紊流射流运动模型，分析堆喷料束从离开喷头至到达受喷面的运动过程。由流体力学相关知识可知[177]，自由射流的紊流横断面存在脉动，导致射流与周围空气介质之间不断发生能量交换，带动周围空气流动，造成射流的横断面积沿其延伸方向不断扩大，形成向周围逐渐扩散的锥体状流动场（图 5-3 中的 *ECA*-*BDF*）。

本书所研究的射流是指从喷头管口连续射出的一股具有一定尺寸的堆喷料流体，其周围是大气环境。输料管路及喷头均为圆形断面，堆喷料射流与周围空气介质的物理性质不同，为非淹没圆形断面（轴对称）射流。堆喷料离开喷头时，其管口的流速和动量较大，在空气介质中继续运动的动力主要依靠这个

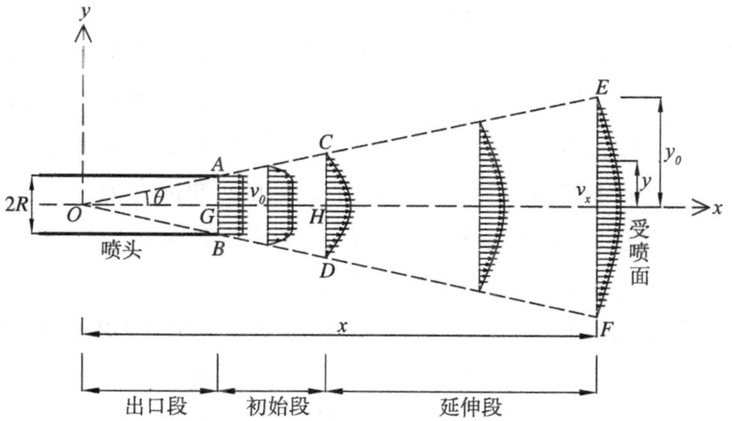

图 5－3　无限空间圆形断面紊流射流运动模型

动量，故又称之为动量射流。因此，研究的主要问题是确定射流轴线的轨迹、射流扩散的范围、射流断面的流速分布和流量沿程变化。目前，解决射流问题的方法有试验、理论分析和数值模拟计算等[178]。本书采用理论分析法研究堆喷料离开喷头管口以后的料束运动特征。

输料管路中，除了堆喷料以外，还有作为输送动力的压缩空气。但是压缩空气的浓度对于堆喷料的密度影响甚微，且不会与堆喷料发生影响其性质的物理或化学反应，因此，可以按照等密度的射流理论来分析其运动过程。刚离开喷头出口的射流速度依然是均匀的，沿射流轴线不断流动并带入周围的空气介质，不仅会造成射流边界扩张，而且会使射流料束的运动速度逐渐降低。射流边界从喷头出口开始不断扩散，带动周围的空气进入边界层并向射流中心扩展，延伸至某一位置时(图 5－3 中的 H 点)，轴线的射流速度开始低于初始速度 v_0，该位置的射流断面称之为转折断面(图 5－3 中的 CHD 断面)。以转折断面分界，喷头出口至转折断面被称为射流初始段，转折断面至受喷面被称为射流延伸段。由于射流初始段较短，工程实践中主要关注的是射流延伸段的运动特征。

喷头出口为圆形，设喷头出口的半径为 R；喷头出口的速度设为均匀分布，设为 v_0；设定射流的延伸轴线为 x 轴，坐标 x 处的轴线速度为 v_x；坐标 x 对应受喷面位置 y 处的射流速度为 v，射流边界位置 y_0 处的射流速度为 0。射流的外边界线是一条直线(图 5－3 中的 AE 和 BF)。将 AE 和 BF 延长至喷头内并交于 O 点，定义为射流零点(坐标原点)，$\angle EOG$ 称为射流扩散角 θ。CH 为射流转折断面的半径R_0，$R_0=\tan\theta\cdot OH$。

关于射流运动特征的已有研究表明，在射流延伸过程中，各个截面上的速度分布具有相似性。随着射流延伸距离 x 的增加，射流轴线的速度 v_x 逐渐减小，射流断面的流速分布曲线趋于平坦。设堆喷射流位置 x 处的射流断面平均速度为 $\overline{v_x}$，射流的轴线速度为 v_x，射流对受喷面的冲击力为 P。根据颜永弟等[179-180]的研究成果和流体力学相关知识，研究堆喷料束在坐标 x 处的轴线速度 v_x、断面平均速度 $\overline{v_x}$ 和冲击力 P 的变化规律。

已有研究结果表明，射流各断面上的料束动量守恒，即单位时间通过射流各断面的料束总动量是常数，即喷头出口截面的动量为：

$$m_0\cdot v_0=\rho\pi R^2\cdot v_0^2 \tag{5-1}$$

式中，m_0 为喷头出口的射流质量；v_0 为喷头出口的射流速度，m/s；ρ 为喷头出口的射流密度，kg/m^3；R 为喷头出口的半径，m。

在射流主体段，取图 5-4 所示的射流延伸 x 处的一微元段作为分析对象，则该截面上的动量为：

$$\int_0^{y_0} v\rho 2\pi y\mathrm{d}yv=\int_0^{y_0} 2\pi\rho v^2 y\mathrm{d}y=\rho\pi R^2\cdot v_0^2 \tag{5-2}$$

将式(5-2)等号的左右两边均除以 $\pi\rho y_0^2 v_x^2$，得：

$$2\int_0^1\left(\frac{v}{v_x}\right)^2\cdot\left(\frac{y}{y_0}\right)\mathrm{d}\left(\frac{y}{y_0}\right)=\left(\frac{R}{y_0}\right)^2\cdot\left(\frac{v_0}{v_x}\right)^2 \tag{5-3}$$

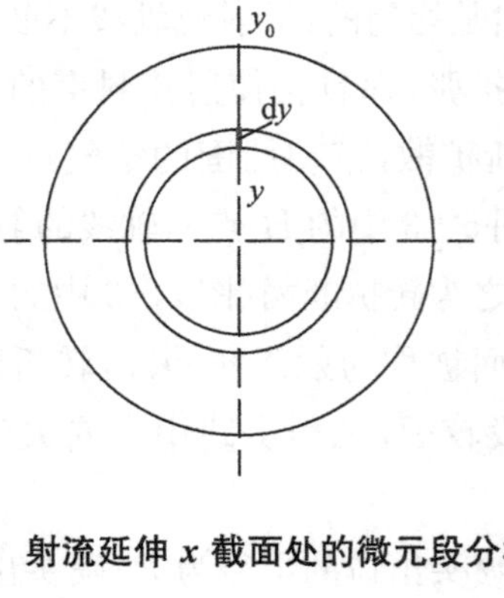

图 5-4　射流延伸 x 截面处的微元段分析对象

根据颜永弟[179]的研究成果和流体力学相关知识[177]，射流各断面上的无因次速度分布可以用半经验公式表示为：

$$\frac{v}{v_x}=\left[1-\left(\frac{y}{y_0}\right)^{1.5}\right]^2 \text{或 } v=v_x\left[1-\left(\frac{y}{y_0}\right)^{1.5}\right]^2 \tag{5-4}$$

式中，y 为射流位置 x 横截面上任意点至射流轴线的距离，m；y_0 为该截面的射流半径(截面半宽度)，m；v 为对应 y 点的速度，m/s；v_x 为该截面轴线处的速度，m/s。从轴线到射流边界，v/v_x 的变化范围为 1→0。

因此，任意截面射流的平均速度 $\overline{v_x}$ 为：

$$\begin{aligned}
\overline{v_x}&=\frac{1}{y_0}\int_0^{y_0} v_x\left[1-\left(\frac{y}{y_0}\right)^{1.5}\right]^2 dy=\frac{v_x}{y_0}\int_0^{y_0}\left[1-\left(\frac{y}{y_0}\right)^{1.5}\right]^2 dy\\
&=\frac{v_x}{y_0}\int_0^{y_0}\left(1-2\frac{\sqrt{y^3}}{\sqrt{y_0^3}}+\frac{y^3}{y_0^3}\right)dy\\
&=\frac{v_x}{y_0}\left[\int_0^{y_0}1dy-2\frac{1}{\sqrt{y_0^3}}\int_0^{y_0}\sqrt{y^3}\,dy+\frac{1}{y_0^3}\int_0^{y_0}y^3dy\right]\\
&=\frac{v_x}{y_0}\left(y_0-0.8\frac{y_0^{2.5}}{y_0^{1.5}}+0.25\frac{y_0^4}{y_0^3}\right)\\
&=\frac{v_x}{y_0}(y_0-0.8y_0+0.25y_0)\\
&=0.45v_x
\end{aligned} \tag{5-5}$$

射流对受喷面的冲击力 P 等于射流对受喷面正碰撞受到的反作用力。根据动量定理，单位时间内料束动量的改变等于作用在其上全部外力的合力，则：

$$P=M_x\cdot\overline{v_x}=(\pi y_0^2\cdot\overline{v_x}\cdot\rho_x)\cdot\overline{v_x} \tag{5-6}$$

进一步整理为：

$$P=\pi(1.41y_0)^2\cdot\frac{1}{2}\rho_x\overline{v_x}^2 \tag{5-7}$$

将 $\overline{v_x}=0.45v_x$ 代入上式，射流对受喷面的冲击力 P 又可以表示为：

$$P=\pi(0.64y_0)^2\cdot\frac{1}{2}\rho_x\cdot v_x^2 \tag{5-8}$$

式中，$(1.41y_0)$ 表示射流的有效扩散范围，$(0.64y_0)$ 是工程实践中射流的有效作用半径[179]。离开喷头的堆喷料束在惯性作用下作直线运动，且主要作用在有效半径之内。受自身重力作用，料束会向下偏离出扩散范围，喷射距离越远，偏离越大，导致射流对受喷面的冲击力下降，与图 5-2 所示的模拟结果相吻合。

在材料配比一定的情况下，喷射角度、喷射距离、喷射速度是影响堆喷筑墙效果的三个主要因素。国内外喷射砼的施工经验表明，最佳的喷角为直角，最佳喷距为 1.0 m 左右。当喷距>1.5 m 时，自身重力会导致粗骨料产生较大的速度垂直分量而偏离射流料束，进而降低喷射冲击力和影响到达喷射结构面的材料配比。C.A 阿特曼斯基使用测定仪和冲击力传感器实测得到最佳喷射状态时的干式喷射混凝土受喷面的冲击力为 10～15 N[181]。

分析式(5－7)和式(5－8)可知，射流对受喷面的冲击力由射流动能转化而来。因此，射流延伸 x 处的断面平均速度 $\overline{v_x}$ 和轴线速度 v_x 分别为：

$$\overline{v_x}=\sqrt{\frac{2P}{\pi \cdot \rho_x}} \div (1.41y_0) \tag{5-9}$$

$$v_x=\sqrt{\frac{2P}{\pi \cdot \rho_x}} \div (0.64y_0) \tag{5-10}$$

分析式(5－9)和式(5－10)可知，喷速越大，冲击力越大。根据生产实践经验，喷速越大，回弹也会增大。因此，喷速和冲击力并不是越大越好，有一个最佳阈值。

结合煤矿井下压缩空气储能的实际情况，喷头出口处可以提供的空气压力为 0.5～0.7 MPa。根据受喷面的回弹情况和料束冲击作用，喷头与受喷面的垂直距离为 0.8～1.0 m 时，墙体成型效果最佳，堆喷成型的支护结构体拱部圆滑、两帮平顺，表面凹凸度小于 10 mm。

5.1.2 自密实无模成型技术

巷旁支护结构体的性能一方面由堆喷料的属性决定，另一方面堆喷工艺也是强化材料性能的一种物理作用过程。堆喷料性能和料束高速冲击二者的耦合作用构成了支护结构体自密实成型过程的关键行为。

结构体受料束冲击自密实的过程可以概括为高速射流冲击和冲击响应两个阶段。材料性能奠定了堆喷自密实无模成型的基础，料束从喷嘴运动至结构体的用时极短，一般不超过 0.2 s，到达结构体的料束冲击响应时间不超过 2 min(初凝时间)。细骨料填充粗骨料之间的空隙，胶结浆体填充细骨料之间的空隙，逐级填充包裹黏结。在喷射冲击力的作用下使到达受喷面的堆喷料自密实，无须人工振捣即可达到结构体密实性的要求，无须模板也能快速成型并全方位接顶。同时，由于堆喷料具有高黏结特性，在高速射流的冲击力作用下，堆喷料与顶板岩层黏结在一起，增大了巷旁墙体与顶板接触面之间的摩擦力。

5.2 巷旁支护体高效构建技术特征

采煤工作面推进速度决定堆喷筑墙的施工速度，巷旁支护体的构筑速度应该与工作面的推进度相同。工作面推进速度越快，堆喷筑墙的长度及体积越大，要求的配套辅助运料量越及时。畅通的运输路线是矿车辅助运料系统的首要条件，但是矿井地轨或者单轨吊线路固定，矿车的单次运输量较小，卸料后空车出井占用运输线路，加之矿井日常生产的其他辅助运输任务繁忙，受干扰较大。因此，巷旁支护体的构建效率主要受辅助运料的影响。堆喷管路长距离输料可以大幅降低辅助运料的路程，避免长时间占用矿井运输巷道，减少堆喷巷旁支护体带来的辅助运料压力，促进沿空留巷堆喷混凝土巷旁支护体的高效构建。

5.2.1 输料管路能量损失分析

堆喷构建巷旁支护体沿空留巷的输料过程中，堆喷料有两种流动现象，分别为有压管流和管嘴出流。从喷射机到喷头位置，输料管路为等直径的铁管或橡胶软管，管路的整个断面被堆喷料充满，管路边壁受到输料压强的作用，这种流动现象称之为有压管流。在输料管路末端设置一定长度的喷头，喷头的管壁较厚，堆喷料经喷头流出并在出口断面充满喷头管口的流动现象称之为管嘴出流[177]。

从喷射机开始，堆喷料被压缩空气驱动，在输料管路中以悬浮状态被输送到喷头，然后从喷头出口离开，并以较高的速度到达受喷面，整个输送过程可以视为不可压缩的固体流。物料在管路输送过程中的能量损失主要包括沿程损失(管壁摩擦、物料碰撞、输料高程差)和局部损失(管路局部弯曲)。

堆喷输料管路为一条单向、等径、粗糙度相同的管路，属于简单长管中的恒定有压流，输料能量损失主要消耗于克服沿程阻力。如果工作面推进方向较长，沿空留巷堆喷构筑巷旁支护结构体的距离较远，要求输料管路的长度较大，会造成沿程损失增大。

由于井下施工条件复杂及作业空间限制，常常要求尽可能地远距离输料，这样既可以减少井下运料等辅助工作量，又能避免堆喷筑墙作业与其他生产环节互相干扰。因此，提出并设计了远距离输料的半路加风工艺，以达到接力输料高效构建巷旁支护体的效果。

5.2.2 远距离大流量输料技术

远距离输料半路加风工艺是指在输料管路的适当位置加设补风接头，由补风接头向输料管路接入高压风源提供接续动力，从而可以使混合料在管路中输送更远的距离。补风接头的结构既要实现外接高压风源能够顺利进入输料管路，还要防止反向吹风。

通过多方案对比优化，设计的补风接头由外壳和衬套两部分组成。其中外壳侧面设置有高压风源的输入接口，沿衬套圆周面均匀分布有导气孔，导气孔与外壳内壁形成一个腔室。导气孔进气口与外壳出气口错位布置，保证每个导气孔的出气压力平衡。导气孔与管路输料方向呈 20°夹角设置，防止反向吹风，同时沿切向偏转 30°，使压缩空气在管路内形成涡旋气流，增加气流的稳定性。

堆喷料输料管路中含有空气、砂石、水泥和堆喷外加剂等多种物质，为了简化分析过程，将管路中的混合流体等效为两相流，即空气相和堆喷料相。使用 SolidWorks 三维建模方法，建立的半路加风流体域模型如图 5－5 所示，参数设置见表 5－1。模型的主管路长度为 750 mm，直径为 60 mm；补气导管数量为 8 个，直径为 7 mm，导管与管路轴线的夹角为 20°，螺旋方位角为 30°，补气导管的接入位置距离管路入口 125 mm。数值模拟得到模型加风点的速度矢量如图 5－6 所示，模型 $Y-Z$ 截面的物料密度云图如图 5－7 所示。

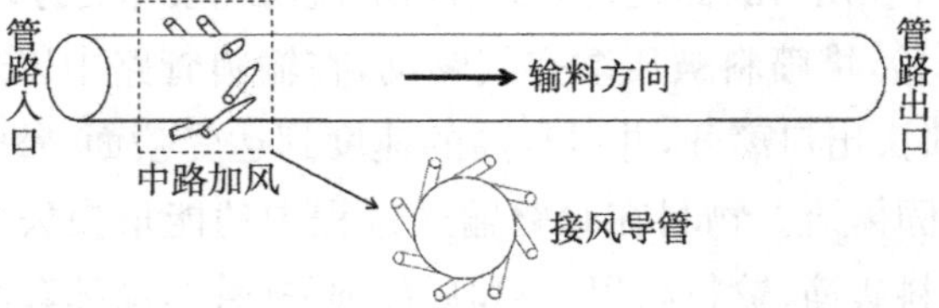

图 5－5　半路加风流体域模型示意图

表 5－1　半路加风输料模型参数

项目	名称	参数
计算模型	多相流模型	Euler 多相流模型
	湍流模型	RNG$^{k\text{-}\varepsilon(2\ eqn)}$ 模型
	求解器	分离式求解器
	能量方程	关闭

表5-1(续)

项目	名称		参数
边界条件	入口边界类型		VELOCITY INLET
			PRESSURE INLET
	出口边界类型		PRESSURE OUTLET
	入口速度	空气	15 m/s
		堆喷料	15 m/s
边界条件	入口压强		0.6 MPa
	出口压强		0.25 MPa
	体积分数	空气	0.4
		堆喷料	0.6
	湍流强度	Velocity Inlet	6.7%
		Pressure Inlet	3.4%
		Pressure Outlet	5.9%
	管路直径	Velocity Inlet	60 mm
		Pressure Inlet	7 mm
		Pressure Outlet	60 mm
材料特性	密度	空气	1.225 kg/m^3
		堆喷料	1 800 kg/m^3
	动力黏度系数	空气	$1.789\ 4\times10^{-5}$ kg/(m·s)
		堆喷料	3 kg/(m·s)
求解参数	压力速度		Phase coupled SIMPLE
	耦合方程		默认
	迭代计算		稳态
	离散方法		一阶迎风格式
	初始化设置		Standard(inlet)

分析图5-6得出，由于高压空气的接入，沿 Z 轴方向模型中物料的速度显著增大。在加风结构附近，输料管路同一断面中心轴线处的速度最小，靠近管路壁面处的速度最大。分析造成这种现象的原因是高压空气进入后分为两部分，一部分冲击堆喷混合料相，使其速度增大；另一部分沿管壁高速流动，带动混合料加速运动，同时使物料悬浮在管路中。随着与加风点距离的增大，管路中的物料又逐渐恢复到加风前的分布特征，即沿输料管路的同一断面，物料的速度以类似抛物线的形式分布，且在轴线上的速度最大。沿管路径向，物料的

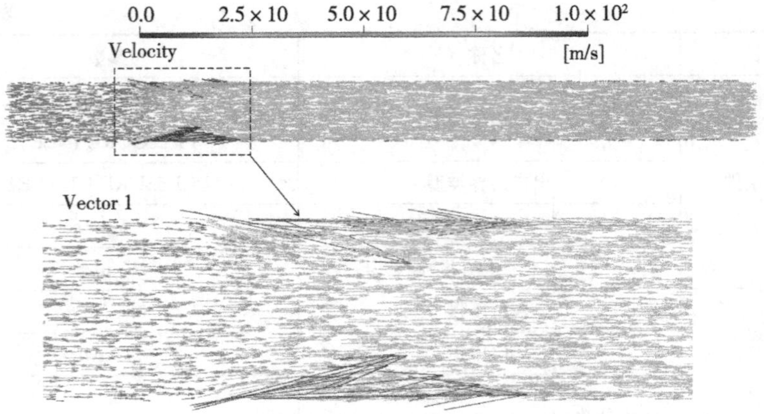

图 5-6　加风位置的速度矢量分布情况

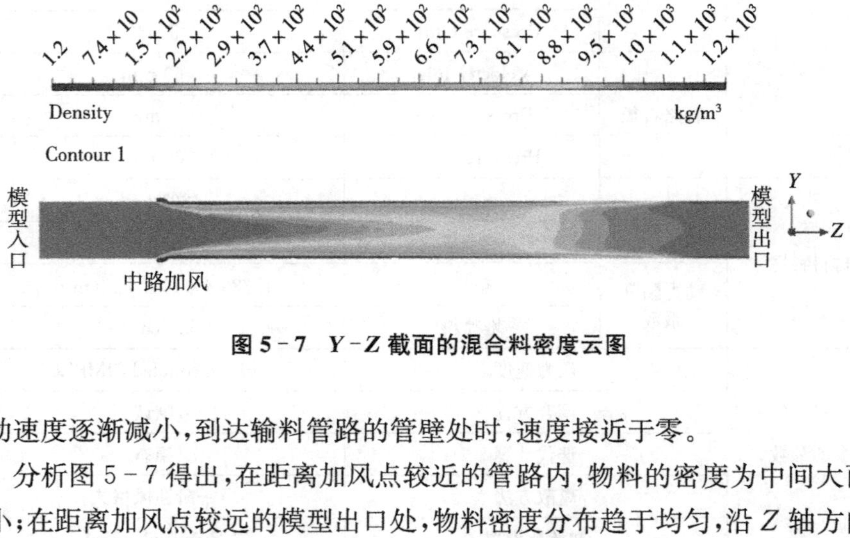

图 5-7　Y-Z 截面的混合料密度云图

流动速度逐渐减小，到达输料管路的管壁处时，速度接近于零。

分析图 5-7 得出，在距离加风点较近的管路内，物料的密度为中间大而边缘小；在距离加风点较远的模型出口处，物料密度分布趋于均匀，沿 Z 轴方向管路内的物料密度分布特征为先减小后增大。分析出现这种现象的原因是中路接入高压空气后，高压空气沿着管壁高速流动，导致物料向管路中央汇集，混合初期的固-气两相速度分布不均匀，空气相的速度明显大于物料相的速度，此时物料相为加速运动状态。当距离加风点较远时，管路中的空气相与物料相充分混合，固-气两相的速度重新平衡。

中路加风前后模型中的物料相和空气相沿 Z 轴的速度变化特征分别如图 5-8 和图 5-9 所示。分析得出，加风前模型中物料的最大速度为 18.2 m/s；加风点处物料的瞬时最大速度达到了 128.0 m/s；加风后模型出口处物料的最大速度为 31.8 m/s,速度增加率为 74.7%。说明采取中路加风技术措施,可以有效地增大输料管路内物料的运动速度,达到了增加输送距离和降低堵管风险的效果。

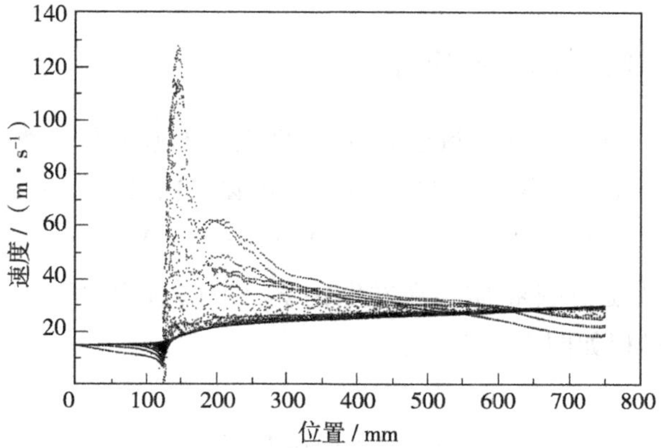

图 5-8 物料相沿 Z 轴的速度变化特征

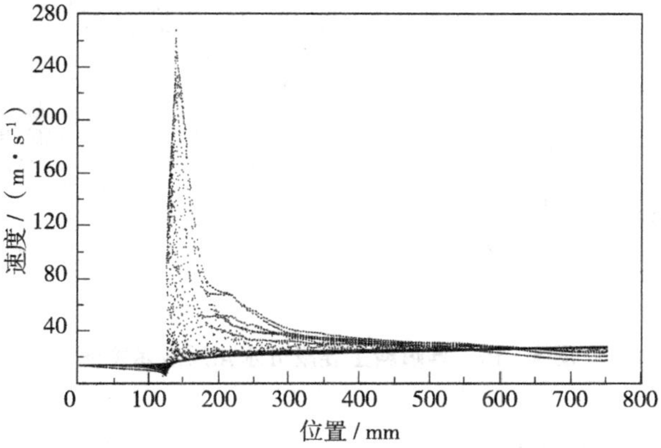

图 5-9 空气相沿 Z 轴的速度变化特征

综上所述,如果输料管路较长,沿程损失较大,可以采取半路加风技术措施,达到接力长距离输送的效果,可以减少辅助运输物料的工作量。实践证明,堆喷物料的水平输送距离可以达到 600 m,构建巷旁支护体的生产能力为 3~4 m^3/h,实现了巷旁支护体高效构建,解决了巷旁墙体构建效率与工作面推进速度的适应性问题,有利于工作面快速推采。

5.3 巷旁支护体绿色施工技术特征

5.3.1 堆喷料水化反应分析

根据表 3-1 所示的堆喷料组分可知，堆喷料的胶凝材料为硅酸盐水泥，其主要熟料矿物为硅酸三钙（$3CaO \cdot SiO_2$）、硅酸二钙（$2CaO \cdot SiO_2$）、铝酸三钙（$3CaO \cdot Al_2O_3$）和铁相固溶体（$4CaO \cdot Al_2O_3 \cdot Fe_2O_3$）。水泥加水以后的凝结硬化进程，主要是这四种物质与水发生化学反应的过程[182-183]。堆喷料主要成分的水化反应过程如图 5-10 所示。

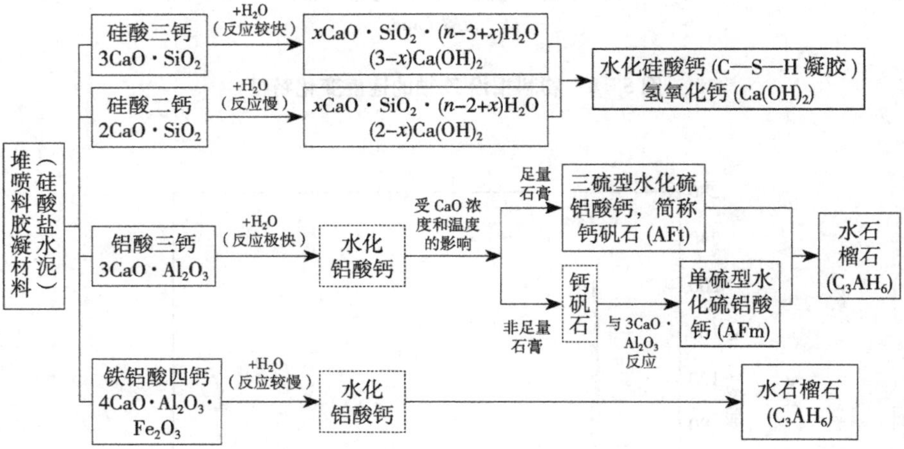

图 5-10 堆喷料主要成分水化反应示意图

(1) $3CaO \cdot SiO_2$ 水化

在常温下，$3CaO \cdot SiO_2$ 发生水化反应，并生成水化硅酸钙（C—S—H 凝胶）和氢氧化钙[$Ca(OH)_2$]。化学反应式为：

$$3CaO \cdot SiO_2 + nH_2O = xCaO \cdot SiO_2 \cdot (n-3+x)H_2O + (3-x)Ca(OH)_2$$

(2) $2CaO \cdot SiO_2$ 水化

$2CaO \cdot SiO_2$ 的水化过程及产物与 $3CaO \cdot SiO_2$ 相似，但水化速度相对较慢。所形成的水化硅酸钙在形貌方面与 $3CaO \cdot SiO_2$ 的水化生成物一致，也称为 C—S—H 凝胶。但 $Ca(OH)_2$ 生成量比 $3CaO \cdot SiO_2$ 的少，结晶体却比较粗大。化学反应式为：

$$2CaO \cdot SiO_2 + nH_2O = xCaO \cdot SiO_2 \cdot (n-2+x)H_2O + (2-x)Ca(OH)_2$$

(3) $3CaO \cdot Al_2O_3$ 水化

$3CaO \cdot Al_2O_3$ 水化迅速，放热快，其水化产物组成和结构受液相 CaO 浓度和温度的影响很大，首先生成介稳状态的水化铝酸钙，最终转化为水石榴石（C_3AH_6）。

在有石膏的情况下，$3CaO \cdot Al_2O_3$ 水化的最终产物与石膏的掺入量有关。最初形成的三硫型水化硫铝酸钙，简称钙矾石（AFt）。若石膏在 $3CaO \cdot Al_2O_3$ 完全水化前耗尽，则钙矾石与 $3CaO \cdot Al_2O_3$ 作用转化为单硫型水化硫铝酸钙（AFm）。

(4) $4CaO \cdot Al_2O_3 \cdot Fe_2O_3$ 水化

水泥熟料中 $4CaO \cdot Al_2O_3 \cdot Fe_2O_3$ 的水化速率比 $3CaO \cdot Al_2O_3$ 略慢，水化热较低，其水化反应及产物与 $3CaO \cdot Al_2O_3$ 相似。

5.3.2　干料湿喷绿色施工技术

未加水时，输料管路中的堆喷料为干（潮）料，含水量和黏性均较低，在空气动力作用下具有较好的流动性，可以长距离输送。堆喷产生的粉尘主要是未湿润的水泥[184]，为了降低作业场所的粉尘浓度，达到绿色施工的健康管理要求，在输料管路末端设计了如图 5－11 所示的堆喷料分段加水工艺。经过现场试验和堆喷效果验证，堆喷分段加水点位于距离喷头 3～5 m 的位置。控制加水量，使喷头出口处的堆喷料水灰比为 0.4～0.5，中路的加水量为总水量的 70%～80%，喷头处的加水量为总水量的 20%～30%。在接近喷头第一次加水以后，大部分的堆喷料已经与水混合，尤其是水泥和外加剂，表面湿润度增大并包裹砂石骨料，有利于降低粉尘。到达喷头后，二次加水，使堆喷料充分湿润，离开喷头外力撤除后的黏性增大，流动性降低，可以减小料束的扩散角和扩散半径，形成高黏附性的堆喷料束，有利于堆喷成型，同时实现了“干料湿喷”。

输料管路采用分段加水工艺，以风为动力提前混合并湿润物料，可以促进堆喷料的水化作用、增强黏附性及和易性、降低粉尘和回弹率。管路末端喷头的内壁分布有多孔集流腔，水通过多孔集流腔与堆喷料进一步充分混合，使物料拌和均匀，实现胶凝材料充分包裹骨料，喷头出口的料束转化成一种软固体状态（介于液体和固体之间的状态）。

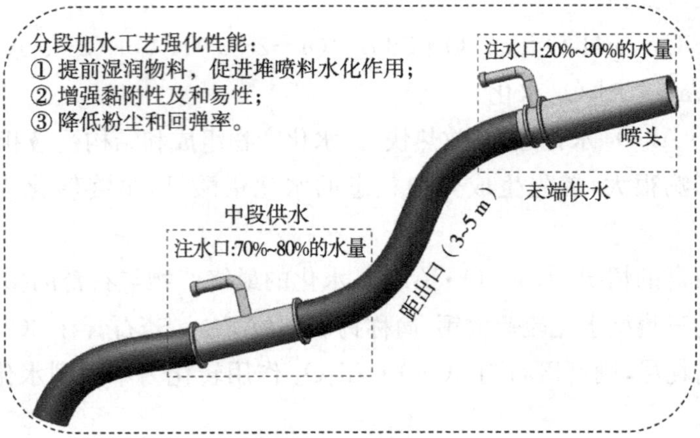

图 5-11　堆喷料分段加水工艺示意图

在煤矿井下堆喷操作人员作业的位置，定点监测巷道环境中的粉尘浓度，以现场粉尘浓度作为一个劳动卫生条件指标，评价分段加水工艺的降尘效果[185]。粉尘浓度测定在试验巷道正常的通风条件下进行，风速约为 0.73 m/s。堆喷作业各项工艺稳定以后，连续监测 60 min，2 min 记录一次数据，对比喷头一次加水和分段加水两种条件下的现场粉尘浓度。使用 JYB-6A 便携式粉尘浓度检测仪(量程为 0.001～40 mg/m^3)，采用光散射原理，利用进入暗室的浮游粉尘在红外激光照射下，粉尘的散射光强正比于粉尘质量浓度，并将散射光强转换为电信号，通过设置质量浓度换算系数($K=0.05$)，计算得到粉尘的质量浓度[186]。堆喷粉尘浓度的实测结果如图 5-12 所示。

分析图 5-12 所示的作业环境中粉尘浓度测试结果可知，喷头一次加水工艺时，现场的粉尘浓度为 7.425～9.187 mg/m^3，极差为 1.762 mg/m^3，标准差为 1.553;使用中路加水工艺时，现场的粉尘浓度为 2.186～3.943 mg/m^3，粉尘浓度≤4 mg/m^3，极差为 1.757 mg/m^3，标准差为 0.706。不论是喷头一次加水工艺，还是分段加水工艺，现场粉尘浓度测定结果均存在一定的离散性。分析造成堆喷粉尘浓度离散的主要原因是上料不均匀，导致输料管路及喷头出口的堆喷料供应不充足而发生脉动和喷发[187]。因此，堆喷施工需要精细的组织和管理，确保上料均匀且充足。

与喷头一次加水工艺相比较，分段加水工艺可以提前湿润物料，使喷头出口的堆喷料进一步充分湿润，降低作业场所粉尘浓度的效果显著，现场实测粉尘浓度≤4 mg/m^3，使堆喷沿空留巷具有绿色施工的技术特征。

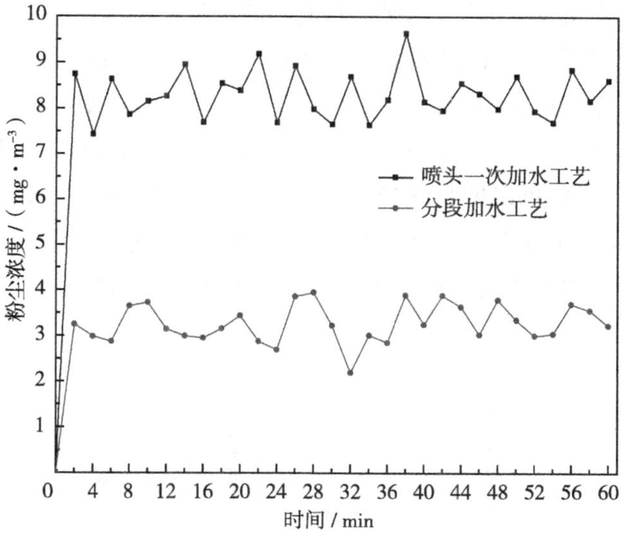

图 5-12　堆喷粉尘浓度实测结果

5.4　堆喷筑墙沿空留巷顶板控制工艺

综上所述，针对巷旁堆喷混凝土沿空留巷的围岩结构及顶板活动规律，从巷道顶板加固、施工流程、巷旁墙体承载性能和支撑结构等方面，给出如图 5-13 所示的综采工作面巷旁堆喷混凝土沿空留巷顶板控制整体工艺。

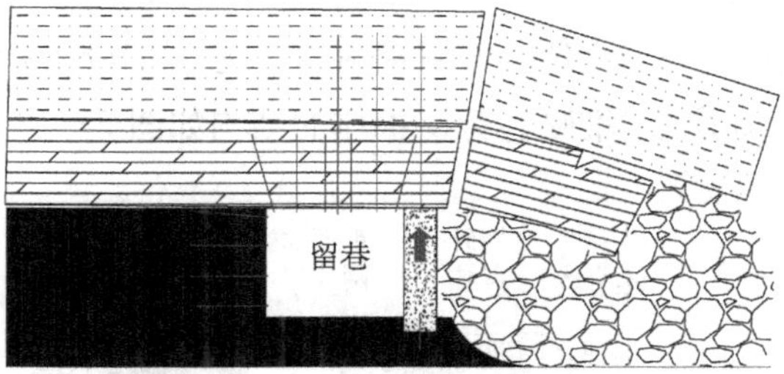

图 5-13　堆喷沿空留巷顶板控制技术原理示意图

（1）锚（杆）索高预应力支护，防止巷道顶板离层，保持顶板岩层的整体性

巷道内实施锚网索高强支护可以有效维持巷道顶板下位岩层的完整性，阻

止浅部小结构岩层发生离层，确保留巷期间的顶板岩层保持整体状态[48]。

巷道支护与无煤柱开采应相结合同时考虑，在巷道掘进时就施加与沿空留巷所需支护强度相适应的支护方式及参数，巷道顶板控制一步到位，既避免了后期留巷时的加强支护工作；同时，巷道开挖以后立即支护，施加足够的预紧力并有效扩散到围岩，可以抑制围岩的扩容变形。当围岩产生一定变形后再补强支护，顶板控制效果就会受到明显影响。因此，及时支护和施加高预应力是关键。锚索高预应力支护约束顶板离层的示意图如图 5－14 所示。

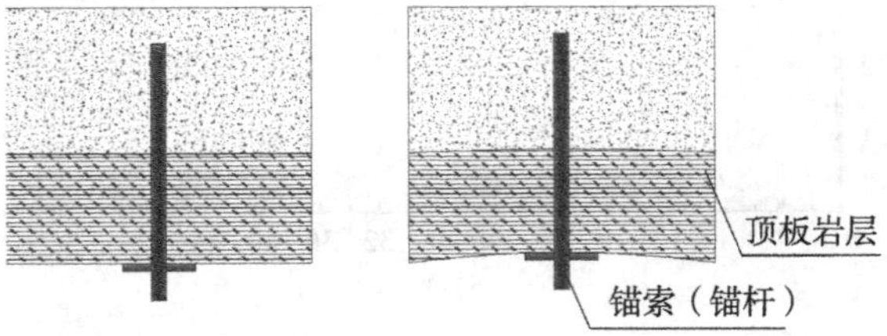

（a）低预应力锚索　　（b）高预应力锚索

图 5－14　锚索高预应力支护约束顶板离层示意图

(2) 巷旁挡矸支护及临时封闭采空区

采用全部垮落法处理采空区时，拉架前应完成挡矸支护，拉架后立即堆喷构筑巷旁支护体。紧跟采煤工作面，与回采进度一致，在端头液压支架侧方支设一排 U 型钢挡矸支柱，同时在 U 型钢支柱靠巷道侧挂设钢筋网片＋风筒布＋钢筋网片，初步隔离采空区。支柱＋钢筋网片阻挡采空区的矸石进入留巷空间，防止矸石进入巷道内影响沿空留巷作业安全。钢筋网片为直径 6.0 mm 圆钢焊制的网格尺寸为 0.1 m×0.1 m 的网片，地面预制，井下搭接。风筒布为阻燃防静电的纤维布，形成采空侧临时隔离帷幕。巷旁挡矸支护及临时封闭采空区示意图如图 5－15 所示，堆喷巷旁支护体的结构如图 5－16 所示。

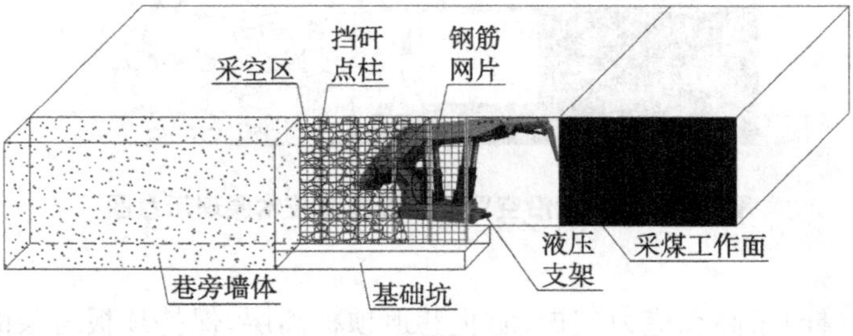

图 5－15　巷旁挡矸支护及临时封闭采空区示意图

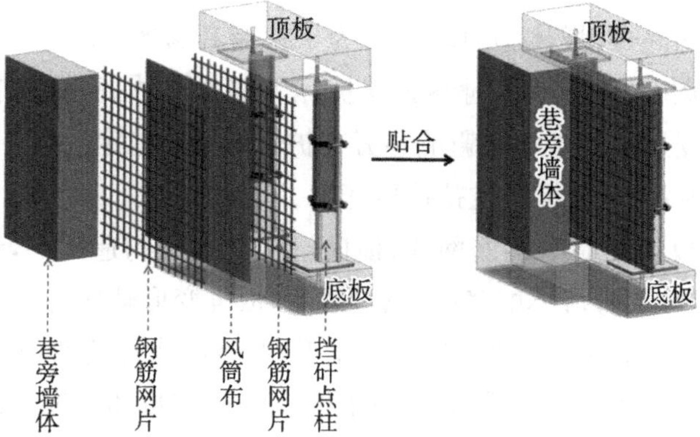

图 5-16 堆喷沿空留巷的巷旁支护结构示意图

(3) 巷道顶板、墙体、底板一体化结构设计,使沿空留巷围岩结构稳定

在厚煤层开采条件下,为了改善沿空留巷的顶板强度,避免强度相对较低的顶煤发生剪切破坏,巷道一般沿煤层顶板掘进布置,留有底煤。为了提高实体煤底板的承载能力,在巷旁墙体位置对底板开挖一定深度的基础坑,在该基础坑内配筋并堆喷高强度的混凝土材料替换强度较低的煤层,形成类似条形地基的巷旁支护基础,有利于巷旁墙体保持稳定状态。在巷旁墙体位置打设顶板锚索和底板锚杆,使墙体结构伸入留巷的顶板和底板岩层。巷道"顶板-墙体-底板"一体化巷旁支护结构的顶板控制示意图如图 5-17 所示。

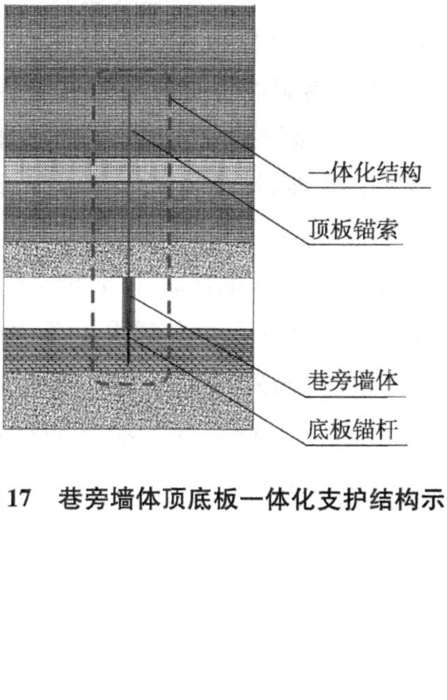

图 5-17 巷旁墙体顶底板一体化支护结构示意图

厚煤层开采条件下，当巷道沿煤层顶板布置时，沿空留巷的巷旁墙体下方留有一定厚度的底煤，煤体相对较软。为了保持巷旁支护体的结构稳定，采空侧应留有一定宽度的三角煤，对巷旁支护体下部的煤体提供侧向约束作用，防止因底板煤体受压变形破坏而影响巷旁支护体的整体稳定性。

(4) 墙体内置配筋，增强抗拉抗剪能力

在墙体内放置预制的钢筋网片、横向对拉钢筋等构造配筋，通过配筋的限位作用，增加堆喷巷旁墙体的竖向承载性能和抵抗变形破坏的能力。

(5) 堆喷混凝土巷旁支护体的强度上升快，及时支撑留巷顶板

巷旁墙体紧跟工作面回采推进而构建，工作面与堆喷混凝土之间的距离小于一天的回采推进长度；快速增阻尽早形成对顶板岩梁的支撑，抢时间控制顶板的下沉速度，并能适应顶板旋转变形。高强度的堆喷巷旁墙体既可以避免巷旁支护由于强度不足发生破坏而失去承载能力，同时还可以强力切断采空侧的悬臂岩层。

堆喷构筑巷旁墙体的强度上升速度快，实测单轴抗压强度 1 d 可以达到 12.0 MPa，7 d 达到 27.5 MPa，28 d 达到 42.1 MPa，且后期强度不损失，能够对巷道顶板形成及时支撑，满足墙体-顶板平衡所需的支护强度。同时能够抑制沿空留巷顶板的过量下沉变形，强力切断采空区一侧的悬伸顶板，减小留巷的围岩压力。沿空留巷在巷旁墙体的高强支撑作用下，顶板结构能够保持稳定，沿空留巷内仅需要 28 d 的辅助临时支护。

(6) 墙体接顶密实不漏风，隔绝采空区，形成“Y”形独立通风系统

堆喷施工工艺可以使混凝土快速成型，通过逐层堆叠累积的方式形成巷旁墙体。堆喷设备喷头出口的混凝土材料具有较快的运动速度，全方位接顶密实，能够完全隔绝采空区；同时巷旁墙体具有微膨胀特性，不会产生收缩裂缝，密实不漏风，具有良好的密闭隔离效果，形成“Y”形独立通风系统。

(7) 采煤与沿空留巷平行作业，堆喷构筑巷旁墙体紧跟采煤工作面，可以实现高产高效

利用矿车或下料孔将堆喷料从地面运输至井下的临时料场内，临时料场与采煤工作面的距离大于 600 m，沿巷道走向铺设一条内径为 65 mm 的输料管路，可以远距离输料，适应大规模高效沿空留巷。堆喷设备利用压风将干混合料通过管路输送至采煤工作面后方构筑巷旁墙体的位置，紧跟工作面端头支架，堆喷形成巷旁墙体，实现沿空留巷。

5.5 本章小结

为了实现堆喷筑墙沿空留巷的顶板安全控制，结合堆喷材料属性和施工工艺，研究了堆喷料射流运动特征及巷旁支护体自密实无模成型、接力输料高效构建、分段加水"干料湿喷"绿色施工等关键技术，给出了沿空留巷顶板控制的整体工艺，为工程实践提供了技术及工艺保障。小结如下：

(1) 堆喷料性能和料束高速冲击二者的耦合作用，构成了支护结构体成型过程的关键行为，堆喷料受到喷头出口压力和速度的连续冲击，无须支模和振捣也能自密实无模成型。

(2) 堆喷技术以压风为动力输送物料，堆喷料在管路输送过程中存在沿程损失。为了减少辅助运料工作量和达到高效构建巷旁支护体的效果，开发了半路加风工艺，可以有效地增加输料距离，解决了巷旁支护体构建效率与工作面推进速度的适应性问题，有利于工作面快速推采。

(3) 堆喷技术所用的支护结构材料为水泥、砂子、石子、堆喷外加剂(S2)和水，堆喷输料管路采用分段加水工艺，提前湿润物料，可以促进堆喷料的水化作用、增强黏附性及和易性、降低粉尘，实现"干料湿喷"绿色施工。

(4) 针对复杂地质条件综采工作面沿空留巷的强矿压特点，从巷道顶板加固、施工流程、巷旁支护体承载性能和支承结构稳定性等方面，给出了堆喷混凝土沿空留巷的顶板控制整体工艺，指导工程实践。

第6章　堆喷混凝土沿空留巷工业性试验

结合辛安矿的生产地质条件，从巷内加强支护、堆喷筑墙巷旁支护和留巷初期临时维护等方面确定顶板控制技术参数，开展11212－2工作面运料巷沿空留巷工业性试验。分析沿空留巷的围岩控制效果，验证堆喷构筑巷旁支护结构体及沿空留巷顶板控制的理论、材料、结构、方法等研究结果的可行性和可靠性。

6.1　工程概况

冀中能源峰峰集团辛安矿属于国有重点煤矿企业，于1971年10月1日建成投产，井田面积15.280 7 km^2。后经技术改造，2014年核定生产能力为150万t/a，开采方式为地下开采，主采$2^{\#}$煤层，低瓦斯矿井，水文地质条件复杂。

目前，辛安矿进入生产末期，资源禀赋已捉襟见肘。为了尽最大可能提高煤炭资源的回收率和延长矿井寿命，结合实际生产技术条件，采用密闭采空区及控顶性能优良、施工效率高的巷旁堆喷混凝土沿空留巷技术[13-14]，在该矿$2^{\#}$煤层11212－2工作面运料巷进行沿空留巷无煤柱开采，设计留巷长度为770 m。辛安矿11212－2工作面的工程条件如图6－1所示，煤层及顶底板岩石的力学参数见表2－2。

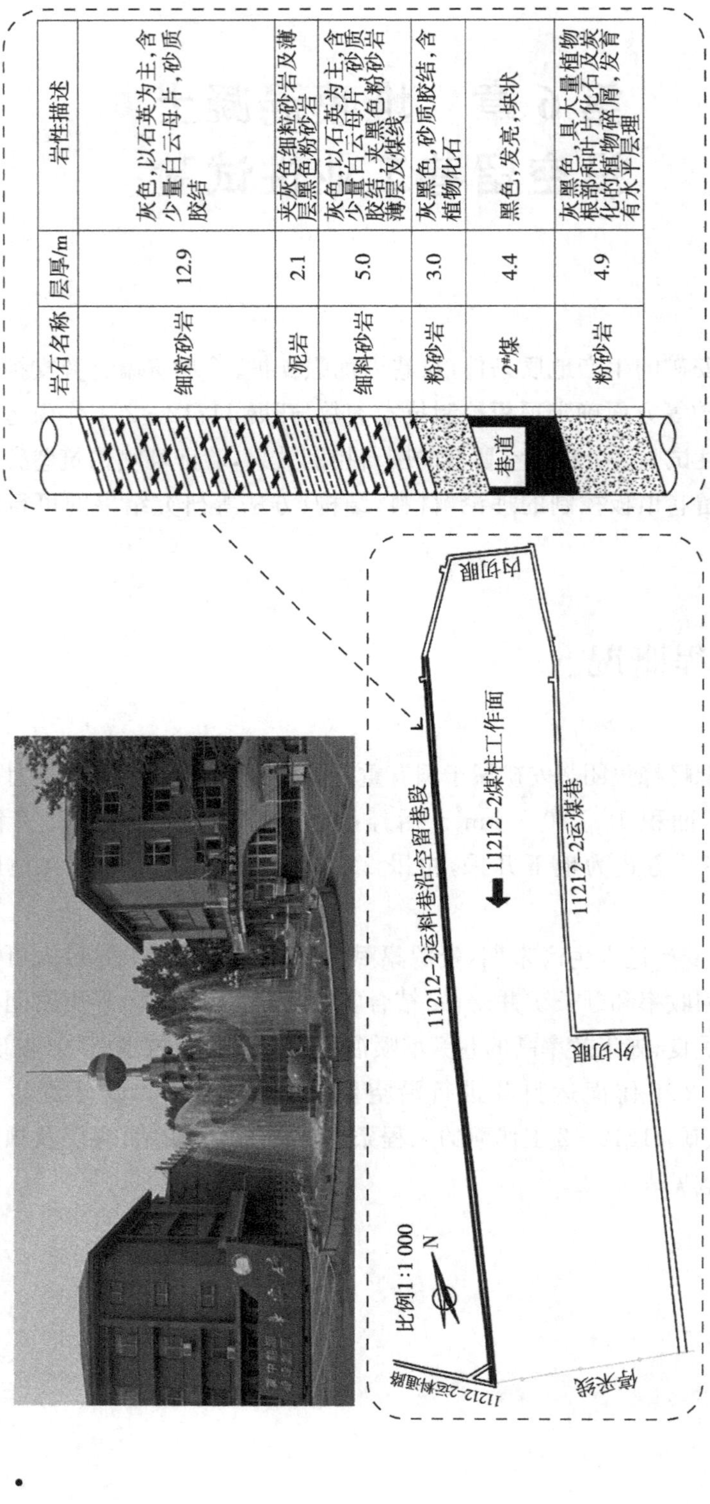

图6-1　辛安矿11212-2工作面的工程地质条件

辛安矿 11212－2 工作面采用走向长壁后退式综采放顶煤工艺开采 2# 煤层，煤层厚度平均为 4.4 m，倾角平均为 19°，井下标高－466.2～－583.9 m，地面标高＋177.9～215.6 m，埋深为 700～800 m，周期来压步距为 8～12 m。11212－2 工作面运料巷为斜矩形断面，沿 2# 煤层的顶板掘进，掘宽×掘高＝4.6 m×3.4 m，掘进阶段采用锚网索＋W 钢带＋槽钢＋钢筋梯子梁联合支护。巷道断面及锚网索基本支护方式如图 6－2 所示。

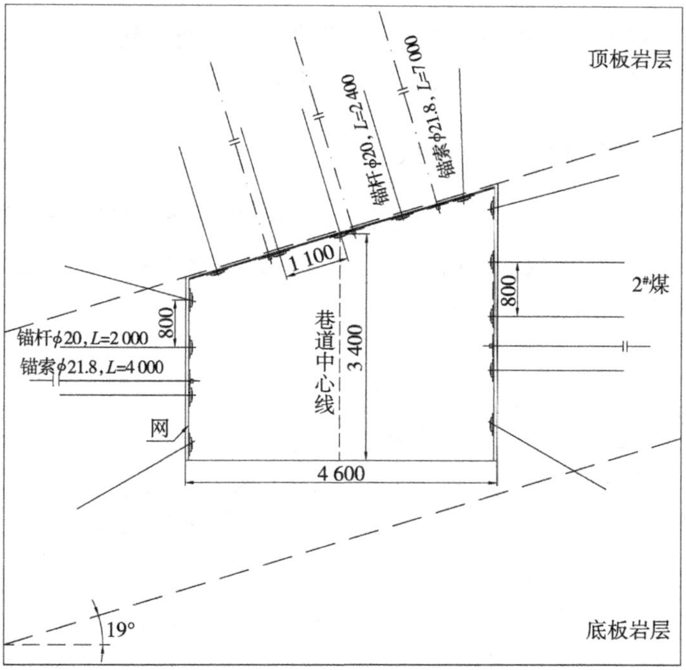

图 6－2　11212－2 运料巷断面及支护示意图

如图 6－2 所示，11212－2 运料巷掘进阶段的顶板支护参数为：锚杆的杆体直径为 20 mm，长度为 2 400 mm，间距为 1 100 mm，排距为 800 mm，每根锚杆使用两支 MSK2335 型树脂药卷锚固剂，配合 W 钢带和钢筋网＋塑料网联合支护；锚索直径为 21.8 mm，长度为 7 000 mm，间距为 1 600 mm，排距为 1 600 mm，每根锚索使用三支 MSK2335 型和一支 MSZ2335 型树脂药卷锚固剂，并配合槽钢联合支护。11212－2 运料巷的煤帮支护参数为：锚杆的杆体直径为 20 mm，长度为 2 000 mm，间距为 800 mm，排距为 800 mm，每根锚杆使用两支 MSK2335 型树脂药卷锚固剂，并配合钢筋梯子梁和钢筋网＋塑料网联合支护；锚索直径为 21.8 mm，长度为 4 000 mm，每排一根，排距为 1 600 mm，每根锚索使用三支 MSK2335 型和一支 MSZ2335 型树脂药卷锚固剂。

6.2 堆喷筑墙沿空留巷顶板控制参数

基于 11212 - 2 运料巷掘进阶段已有的支护方式及参数，结合沿空留巷顶板控制需求，分别从巷内加强支护、堆喷巷旁支护和留巷初期临时支护等角度，给出了堆喷筑墙沿空留巷的顶板控制技术参数。

6.2.1 巷内加强支护参数

辛安矿 11212 - 2 工作面运料巷已有基本的锚网索支护，结合前文研究成果，沿空留巷后采用顶板加强锚索＋巷旁墙体作为永久支护。沿空留巷顶板加强支护的俯视图如图 6 - 3 所示。

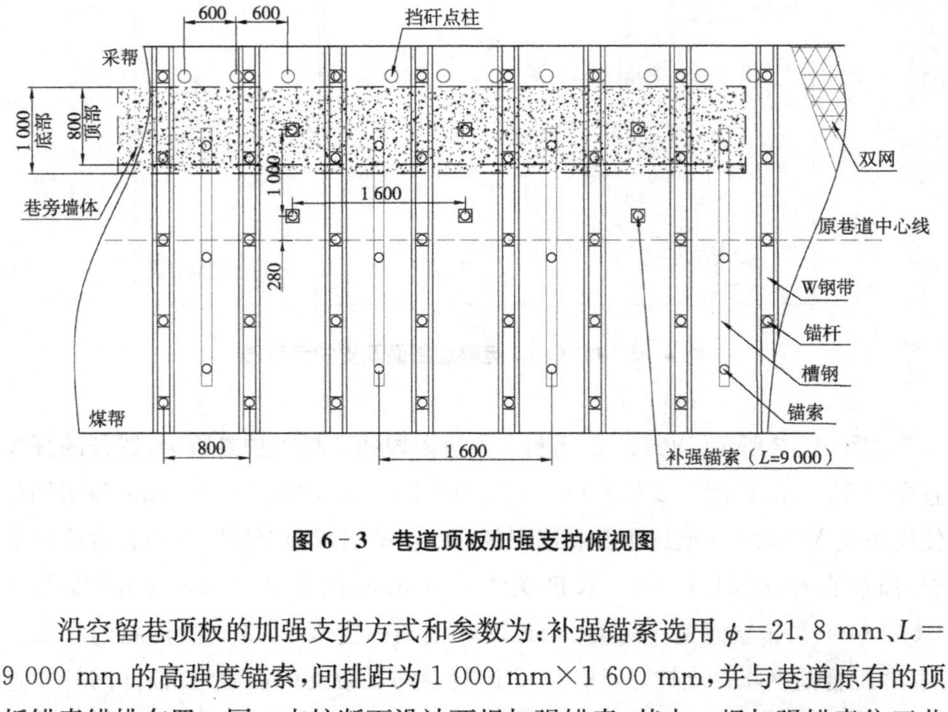

图 6 - 3 巷道顶板加强支护俯视图

沿空留巷顶板的加强支护方式和参数为：补强锚索选用 ϕ＝21.8 mm、L＝9 000 mm 的高强度锚索，间排距为 1 000 mm×1 600 mm，并与巷道原有的顶板锚索错排布置。同一支护断面设计两根加强锚索，其中一根加强锚索位于巷旁墙体的中间位置，索体外露 0.5 m 并进入墙体，通过加强锚索悬吊及巷旁墙体支撑的双重作用，共同控制顶板岩层；另一根加强锚索位于沿空留巷内（巷旁墙体外），与其他支护结构协同控制顶板岩层。

6.2.2　堆喷巷旁支护参数

根据前文研究结果，结合辛安矿 11212－2 工作面运料巷的实际情况，设计堆喷沿空留巷的巷旁墙体断面为直角梯形，墙体的底部厚度为 1.0 m、顶部厚度为 0.8 m，墙体靠采空侧为挡矸点柱和两层钢筋网片夹一层风筒布，墙体靠留巷侧为一层钢筋网片。11212－2 工作面运料巷堆喷混凝土沿空留巷的巷旁支护方式如图 6－4 所示，堆喷筑墙的现场施工方法如图 6－5 所示。

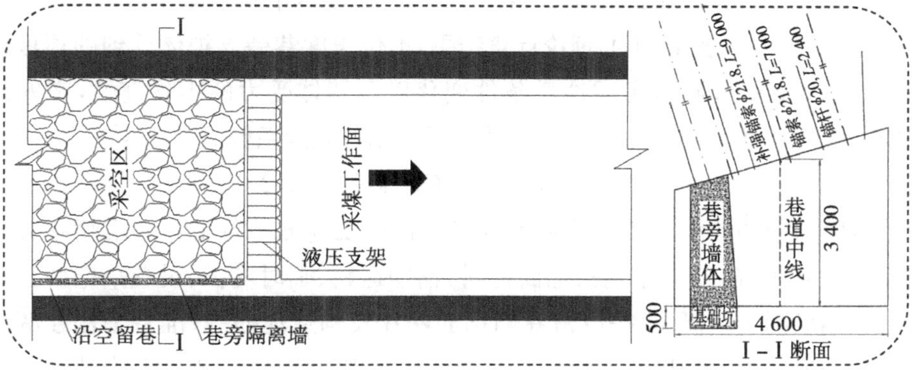

图 6－4　堆喷巷旁墙体沿空留巷顶板支护示意图

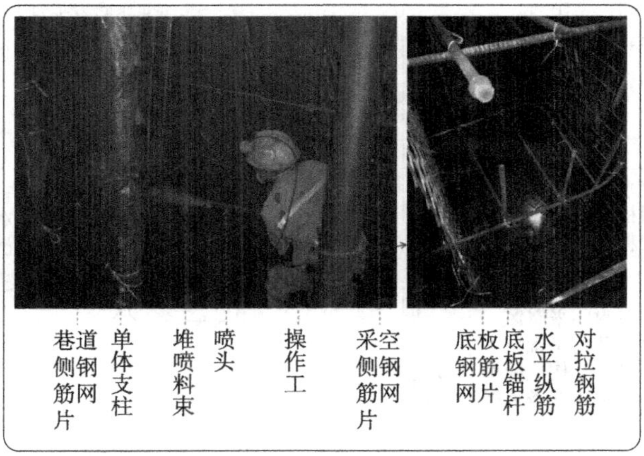

图 6－5　堆喷巷旁墙体施工影像

如图 6-5 所示，沿墙体高度按照间距 0.6 m、排距 1.0 m 设置横向对拉钢筋(直径为 10 mm 的圆杆)，沿巷道走向使用废旧锚杆按照间距 0.6 m、排距 0.4 m 布置两排水平纵向配筋，改善巷旁支护结构体的承载性能。在巷旁墙体对应位置的巷道底板开挖深度为 0.5 m 的基础坑，并在基础坑底部铺设一层直径 6 mm 的钢筋焊接宽度为 1.0 m、网格尺寸为 100 mm×100 mm 的金属网片；沿巷道走向在基础坑中部按照间距 1.0 m、排距 0.4 m 打设两排直径为 20 mm、长度为 2.0 m 的底板锚杆(底板锚杆锚固到岩体中，外露长度为 1.0 m)，保障墙体的整体稳定性。为了减少基础坑下面的煤体受矿压作用发生剪切破坏，工作面端头的五架液压支架留底板三角煤逐渐过渡到巷道底板。

根据表 4-3 的理论计算结果，堆喷巷旁墙体单位长度的承载能力为 15 566 kN。根据表 4-4 的理论计算结果，单位长度巷旁支护体受到的顶板载荷为 7 096 kN。因此，考虑地质条件变化以及墙体受力的不均衡性，辛安矿 11212-2 工作面运料巷堆喷巷旁墙体的设计承载安全系数为 2，即：

$$15\ 566\ \mathrm{kN/m} \div 7\ 096\ \mathrm{kN/m} \approx 2$$

堆喷巷旁墙体沿空留巷的施工过程包括施工前的准备工作和堆喷巷旁墙体工作。其中，准备工作包括地面拌料、辅助运料、临时支护、设置采空侧挡矸点柱及钢筋网+风筒布、搭设留巷侧钢筋网片及构造配筋等，准备工作在两个生产班完成。紧跟采煤工作面构筑巷旁墙体实现沿空留巷，堆喷巷旁墙体工作在一个检修班完成。堆喷筑墙沿空留巷的施工组织流程如图 6-6 所示。

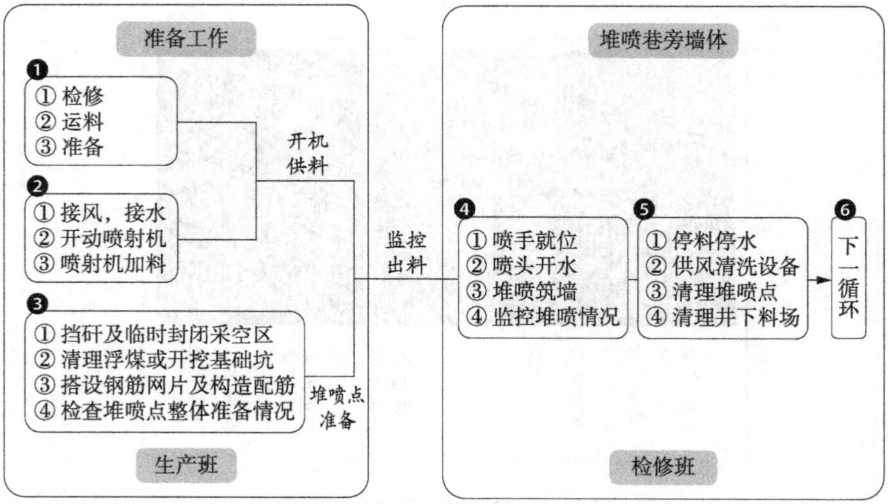

图 6-6　堆喷筑墙沿空留巷的施工组织流程图

6.2.3　留巷临时维护参数

11212-2工作面回采推进过程中，不同位置的巷道受到的采动影响不同。采空区顶板岩层从开始垮落到形成稳定状态需要一定的时间，同时巷旁墙体达到设计强度也需要一定的时间。因此，留巷初期需要对顶板进行辅助加强支护。随着工作面回采继续推进，当沿空留巷距离工作面煤壁较远时，采空区的顶板岩层垮落运动趋于稳定，巷旁墙体也达到了设计的承载能力，此时根据现场实际情况将临时支护的单体液压支柱有序撤掉[188]。沿空留巷的临时支护分段示意图如图6-7所示。

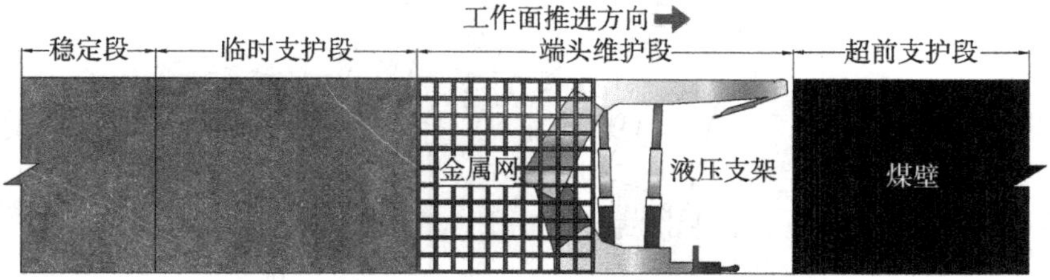

图6-7　沿空留巷临时支护分段示意图

留巷初期临时支护段的长度，根据堆喷混凝土巷旁墙体的实际强度增长曲线与采煤工作面的推进速度综合确定。根据前文研究结果，以28 d的采煤工作面回采推进距离作为留巷临时支护段的长度。在正常生产地质条件下，辛安矿11212-2工作面每天的回采推进速度平均为6刀×0.6 m/刀=3.6 m，28 d的回采推进距离为3.6 m/d×28 d=100.8 m。考虑一定安全系数，沿空留巷的现场临时支护长度为120 m。

如图6-7所示，以11212-2工作面煤壁为分界点，沿巷道走向将其附近划分为三个不同支护区域：超前支护段，留巷临时支护段和成巷稳定段。不同分段设计采取不同的支护措施。

(1) 超前支护段(煤壁前方20 m的回采巷道)

此段巷道位于工作面超前采动影响范围，需要进行临时加强支护。超前临时支护采用ZQ1400/18/40型门式支架，支架的间距为1.5 m。

(2) 留巷临时支护段(液压支架后方0～120 m的沿空留巷范围)

此段巷道位于11212-2工作面的滞后影响范围，采空区顶板岩层垮落会对巷道顶板产生一定影响，巷道受动压影响明显，且巷旁墙体还未完全达到设计强度。因此,在架后 0～120 m 范围的留巷段内,需要对顶板进行临时辅助支护。根据前文研究结果,结合堆喷巷旁墙体的增阻特性,设计每排布置 2 根单体液压支柱,柱间距为 2 550 mm,排距为 500 mm。其中第一根单体液压支柱距离巷旁墙体 200 mm,第二根单体液压支柱距离煤帮 500 mm。沿空留巷的临时支护方式如图 6－8 所示。

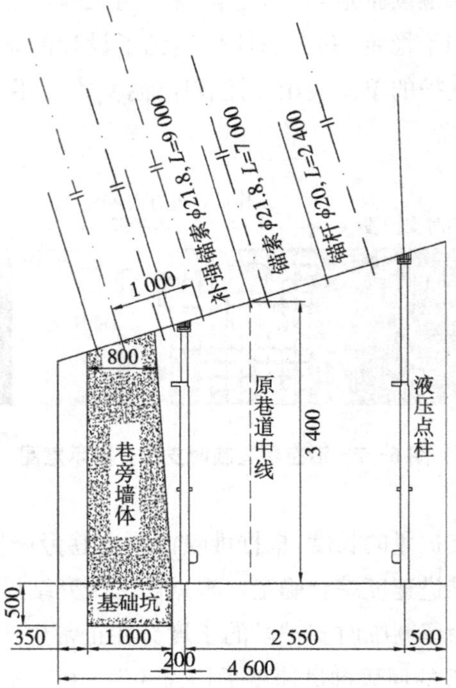

图 6－8　沿空留巷临时支护断面图

(3) 成巷稳定段(液压支架后方 120 m 之外的沿空留巷范围)

此段巷道受工作面采动影响较小,根据现场矿压观测结果,当沿空留巷的顶底板移近量及移近速度、顶板锚索受力等指标趋于稳定以后,该区域的顶板已经处于稳定状态,将临时支护的单体支柱撤掉。

6.3　堆喷护巷效果评价

顶板稳定是沿空留巷围岩控制的最终目标,巷道断面的收敛变形情况和巷旁支护体的稳定性是判断留巷能否满足复用功能的直观且重要指标。因此，在11212－2工作面运料巷沿空留巷期间，对巷道围岩变形、顶板锚索受力、采空区氧气浓度、巷旁墙体的强度及稳定性等进行日常监测。沿空留巷评价指标的监测装置如图6－9所示。

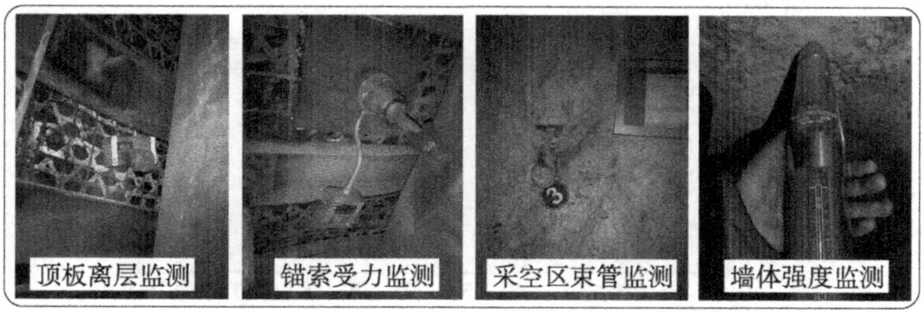

图6－9 沿空留巷评价指标监测装置

现场观测堆喷构筑的巷旁墙体完全接顶，墙体成型后无收缩开裂。检修班四个小时可以形成巷旁墙体3.0～3.6 m（墙体体积为10.5～12.6 m^3），筑墙速度与工作面的回采进度一致。沿空留巷的服务时间较长，外载稳定阶段的围岩控制效果与巷旁墙体的长期稳定性有关。受自然降水影响，矿井于2021年10月整体被淹。沿空留巷经历了两个多月的浸水，排水后观测巷旁支护墙体依然完整稳定，进一步说明堆喷巷旁支护体的结构稳定性。

辛安矿11212－2工作面运料巷堆喷沿空留巷的工程影像如图6－10所示，围岩变形量如图6－11所示，顶板锚索受力情况如图6－12所示，巷旁束管监测的采空区氧气浓度变化情况如图6－13所示，使用混凝土回弹仪现场实测的巷旁墙体强度如图6－14所示。

图6－10 堆喷沿空留巷工程影像

分析图6－11得出，随着采煤工作面不断推进，沿空留巷围岩受本工作面

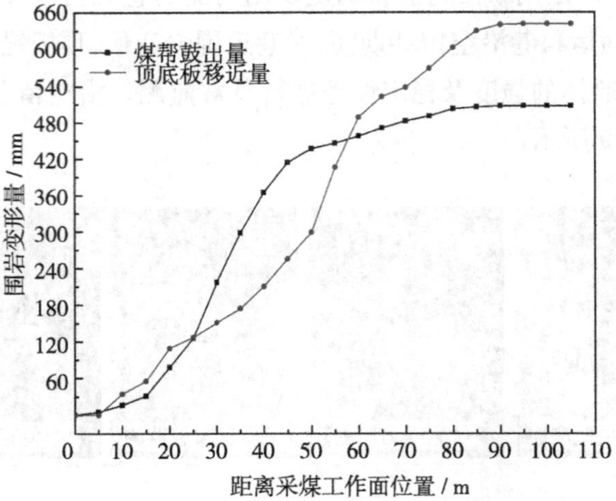

图 6-11　沿空留巷围岩变形量与工作面距离的关系

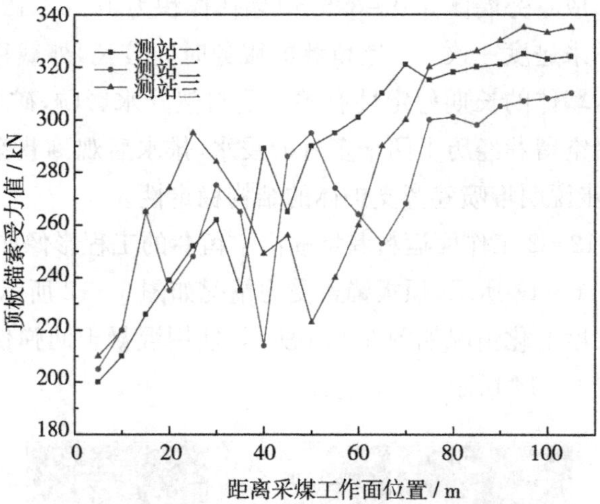

图 6-12　沿空留巷顶板锚索受力与工作面距离的关系

采动及采空区覆岩垮落运动等因素影响，在距离工作面约 80 m 以后，煤帮及顶底板的变形量基本趋于稳定，说明滞后工作面 80 m 的沿空留巷围岩已进入“稳定区”。沿空留巷的围岩变形以煤帮鼓出和底板鼓起为主，且主要发生在滞后工作面 20～60 m 范围，说明滞后工作面 20 m 时，沿空留巷的顶板活动由“发展区”过渡为“活跃区”。沿空留巷的顶底板最大移近量为 641 mm，煤帮的最大鼓

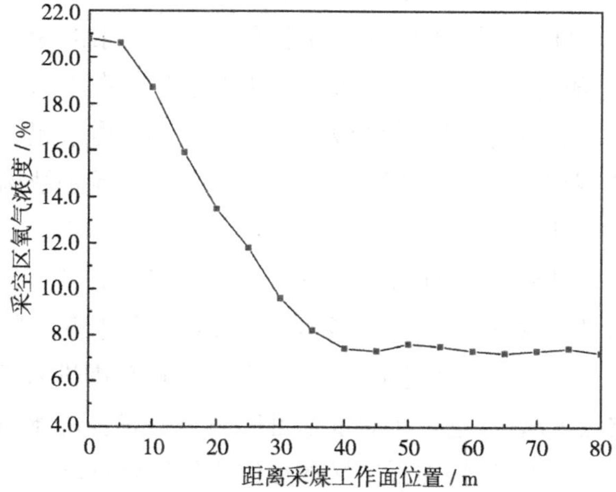

图 6 - 13　沿空留巷采空区氧气浓度与工作面距离的关系

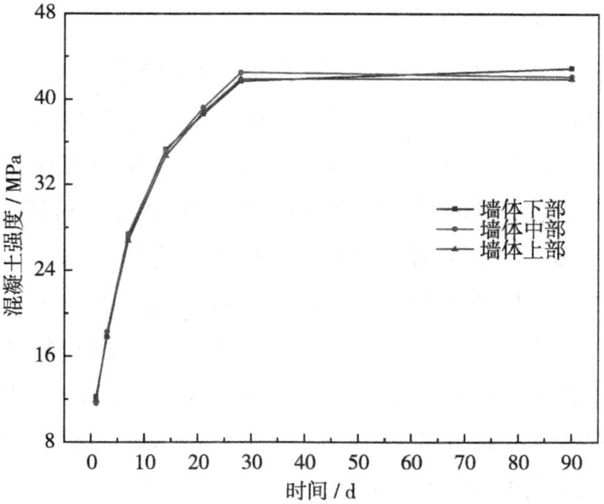

图 6 - 14　巷旁墙体的强度实测值

出量为 508 mm，顶底板最大移近量是煤帮鼓出量的 1.26 倍，围岩变形在合理的范围内，留巷断面满足使用要求。受采动周期来压和覆岩垮落等动压影响时，巷旁墙体表面发生了局部喷层片落的强矿压现象，但其整体结构未发生失稳破坏，巷道断面能够满足回采期间的“Y”形通风要求。二次复用期间的巷道围岩保持稳定，顶板向采空区的整体倾斜度增量小于 3°，维护并不困难。

分析图 6－12 得出，沿空留巷初期，顶板锚索的受力开始急剧增大；受采空区顶板岩层垮落-再稳定过程的影响，沿空留巷顶板锚索的受力存在一定幅度的波动，但整体呈随着远离工作面而逐渐增大的趋势。在距离工作面 75～85 m（留巷 21～24 d）以后，顶板锚索的受力基本趋于稳定，均未超过所使用材料的屈服强度，且现场未发生断锚索现象，表明沿空留巷的围岩结构形成了稳定状态，顶板支护材料选择合理。

分析图 6－13 得出，工作面端头的氧气浓度比较稳定，为 21％左右；沿空留巷采空区的氧气浓度随着远离工作面呈逐渐减小的趋势。当距离工作面约 40 m 时，采空区的氧气浓度稳定在 7.0％～8.0％，该范围进入“窒息带”[189]，表明沿空留巷采空区无漏风，进一步验证了堆喷巷旁支护体隔绝采空区的良好效果。该氧气浓度条件下，遗留在采空区的煤体不易发生自燃。

分析图 6－14 得出，现场实测的巷旁墙体强度及其增长过程，与堆喷试件的实验室测试结果一致；墙体不同部位的强度差异较小。巷旁墙体 1 d 的实测强度为 11.8～12.2 MPa，快速增阻对顶板提供支撑；28 d 的实测强度为 41.6～42.5 MPa，强度超过 C40。

上述监测指标综合表明，在高强度的巷旁支护条件下，沿空留巷顶板可以保持较好的稳定性，取得了良好的应用效果，验证了堆喷构筑巷旁支护体及沿空留巷顶板控制的理论、材料、结构、方法等研究结果的可行性和可靠性。

目前，辛安矿应用堆喷混凝土沿空留巷技术成果，已经完成了 11212－2 工作面运料巷、11216－1 运料巷沿空留巷，并推广应用于 11210－1 运料巷的第三个工作面沿空留巷。堆喷巷旁支护结构体的材料成本为 939 元/m^3，沿空留巷的综合成本为 6 236 元/m，平均用工数量为 6.25 工/m（包括地面配料、运料、堆喷工及其他辅助工），推进速度平均为 3.6 m/d。11212－2 工作面运料巷沿空留巷多回收煤炭资源约 4.61 万 t，多采出资源价值＋节约掘巷成本－原煤生产费用－留巷施工成本的总经济效益为 6 868.3 万元。更重要的是沿空留巷顶板控制等安全效益显著，延长了矿井的服务年限，有助于解决老矿井的延续和职工就业等社会问题，为同类矿井提供了借鉴。

6.4 本章小结

结合前文研究结果，本章开展了辛安矿 11212－2 工作面运料巷堆喷筑墙沿空留巷工业性试验，分析沿空留巷的围岩控制效果，验证了堆喷构筑巷旁支护体及沿空留巷顶板控制的理论、材料、结构、方法等研究结果的可行性和可靠性。小结如下：

(1) 辛安矿 11212-2 工作面运料巷沿空留巷采用顶板加强锚索+巷旁墙体作为永久支护。顶板加强锚索的规格为 $\phi=21.8$ mm、$L=9\ 000$ mm 的高强度锚索，间排距为 1 000 mm×1 600 mm。在巷道掘进阶段已有锚网索基本支护的基础上，同一支护断面布置了两根加强锚索，其中一根加强锚索位于巷旁墙体的中间位置，索体外露 0.5 m 并进入墙体，通过锚索的悬吊及巷旁墙体的支撑双重作用，控制顶板岩层；另一根加强锚索位于留巷内，与其他支护结构协同控制留巷顶板岩层。

(2) 11212-2 工作面运料巷堆喷沿空留巷的巷旁墙体断面形状为直角梯形，墙体的底部厚度为 1.0 m、顶部厚度为 0.8 m，墙体靠采空侧为挡矸点柱和两层钢筋网片夹一层风筒布，靠留巷侧为一层钢筋网片，墙体内设置构造配筋改善了巷旁支护结构体的承载性能。

(3) 现场观测堆喷构筑的巷旁墙体完全接顶，无收缩开裂，控顶性能优良，采空区无漏风。在距离工作面约 80 m 以后，煤帮及顶底板的变形量趋于稳定；沿空留巷的顶底板移近量最大为 641 mm，煤帮鼓出量最大为 508 mm，实现了安全沿空留巷。

第 7 章 结论与展望

7.1 结论

本书围绕堆喷混凝土沿空留巷顶板安全控制的研究目标，采用理论分析、室内试验、数值模拟、相似材料模拟和工业性试验等方法，研究了沿空留巷巷旁支护作用机理、堆喷筑墙方法及材料、巷旁支护体结构特征、顶板控制力学模型、堆喷沿空留巷关键技术及工艺等问题，并在辛安矿 11212－2 工作面运料巷进行了工业性试验。得到了以下主要结论：

(1) 沿空留巷顶板的主要失稳形式为切落、回转、破断(垮冒)和冒落，顶板下沉量随着巷旁支护强度和增阻速度的增大而减小。基于顶板运移活动特征，将沿空留巷的顶板依次划分为发展区、活跃区和稳定区，揭示了顶板不同活动阶段的巷旁支护作用机理。发展区的巷旁支护应全方位接顶并具有较快的增阻速度，尽早支撑避免直接顶和基本顶离层；活跃区的巷旁支护不能改变上覆岩层的总体活动规律，在抵抗动压影响的同时，具备一定的可缩量，适应基本顶的“给定变形”；稳定区的巷旁支护应具有高强承载及结构稳定性，保障沿空留巷及复用过程的长期服务安全，为巷旁支护材料选择和结构参数设计奠定了理论基础。

(2) 提出了安全高效构筑巷旁支护结构体的堆喷方法，研发了支撑该工艺方法的混凝土外加剂，使堆喷支护结构体具有初期快速增阻、后期高强稳定、微膨胀不开裂、施工无须支模养护及全方位接顶等特点，巷旁支护结构体能够适应沿空留巷顶板控制的载荷及位态。室内测试堆喷试件 1 d 的单轴抗压强度为 12.0 MPa，28 d 的单轴抗压强度为 42.1 MPa，强度增长过程划分为初期快速增长(龄期 0～14 d)、中期持续增长(龄期 14～28 d)和后期稳定(龄期＞28 d)三个阶段，为沿空留巷顶板控制提供了材料支撑。

(3) 通过在巷旁墙体上下设置顶板锚索和底板锚杆，形成“顶板-墙体-底板”一体化巷旁支护结构，加强了顶底板岩层与巷旁支护体之间的耦合效果，实现“顶板-墙体-底板”协同支护。选择直角梯形作为堆喷巷旁支护结构体的断面形状，减弱了底板对巷旁支护系统刚度的影响。在巷旁墙体内设置构造配筋，提高了支护结构体的承载及抵抗变形破坏的能力，使堆喷混凝土处于三向受力状态，从而提高巷旁支护体的承载能力和结构稳定性。基于沿空留巷覆岩结构，构建了巷旁支护体承载和巷内辅助支护力学模型，给出了巷旁支护结构体受到的顶板载荷与留巷初期临时支护强度的数学表达式，为沿空留巷顶板控制的巷旁支护结构和参数提供了设计依据。

(4) 构建了堆喷料射流运动模型，得出了受喷面的平均速度和轴线速度，射流的冲击力和堆喷料的高黏附性实现了无模自密实堆喷构筑巷旁支护体。在输料管路中部接入高压风源克服沿程阻力，使堆喷物料的水平输送距离达到 600 m，减少了辅助运料工作量，高效构建巷旁支护体的生产能力为 3～4 m^3/h。在喷头 3～5 m 位置分段加水，提前混合并湿润物料，实现了“干料湿喷”。从巷道顶板加固、施工流程、巷旁墙体承载及支撑结构等方面，给出了堆喷混凝土沿空留巷顶板控制的整体工艺，为工程实践提供了技术及工艺保障。

(5) 从巷内补打加强锚索、巷旁堆喷混凝土墙体和留巷初期临时支护等方面，给出了辛安矿 11212－2 工作面运料巷沿空留巷的顶板控制参数。现场矿压监测结果表明：堆喷构筑的巷旁墙体完全接顶，沿空留巷的围岩变形以煤帮鼓出和底板鼓起为主，且主要发生在滞后工作面 20～60 m 范围；距离工作面 80 m 以后，煤帮及顶底板的变形量趋于稳定；顶底板的最大移近量为 641 mm，煤帮的最大鼓出量为 508 mm，实现了沿空留巷顶板安全控制，取得了良好的应用效果。

7.2 展望

针对堆喷混凝土筑墙沿空留巷的顶板控制问题，本书虽然进行了一些有益的工作和探讨，但由于采矿工程条件的复杂性，仍然存在许多问题和不足，还需要进一步开展以下研究：

(1) 本书构建的巷旁支护承载力学模型，以沿煤层顶板布置的回采巷道为分析对象，未考虑顶煤对巷旁支护的影响，需要进一步对有顶煤巷道的巷旁支护技术进行研究。

(2) 开展不同地质条件下的堆喷混凝土沿空留巷工业性试验，进一步完善堆喷工艺体系。

参考文献

[1] 王晓利. 煤炭绿色完全开采不再是梦[J]. 西安科技大学学报，2021，41(2)：184.

[2] 侯朝炯团队. 巷道围岩控制[M]. 徐州：中国矿业大学出版社，2013.

[3] 谢文兵，王世彬，冯光明. 放顶煤开采沿空留巷围岩移动规律及变形特征[J]. 中国矿业大学学报，2004，33(5)：23－26.

[4] 杨俊哲. 厚煤层机械化柔模快速沿空留巷技术应用研究[J]. 煤炭科学技术，2015，43(S2)：1－5.

[5] 袁亮. 低透气性煤层群无煤柱煤气共采理论与实践[J]. 中国工程科学，2009，11(5)：72－80.

[6] 康红普，张晓，王东攀，等. 无煤柱开采围岩控制技术及应用[J]. 煤炭学报，2022，47(1)：16－44.

[7] 华心祝，李琛，刘啸，等. 再论我国沿空留巷技术发展现状及改进建议[J]. 煤炭科学技术，2023，51(1)：128－145.

[8] 华心祝. 我国沿空留巷支护技术发展现状及改进建议[J]. 煤炭科学技术，2006(12)：78－81.

[9] 李军文. 五阳煤矿综放开采沿空留巷围岩控制技术研究[D]. 阜新:辽宁工程技术大学，2015.

[10] 沈平，姜永东，杨启军，等. 大倾角煤层沿空留巷弓形柔性掩护支架控制技术[J]. 煤炭科学技术，2021，49(3)：37－42.

[11] 康红普，伊康. 深部软岩巷道围岩扩容与流变特性模拟研究及应用[J]. 煤炭学报，2023，48(1)：15－33.

[12] 曹悦. 综放工作面沿空留巷组合充填体失稳机理及围岩控制技术研究[D]. 徐州:中国矿业大学，2022.

[13] 韩红兵. 厚煤层堆喷混凝土沿空留巷技术研究与应用[J]. 煤炭与化工，2022，45(5)：25－27.

[14] 任兴云，郝兵元，李宪军，等. 基于安全高效支护结构体的堆喷技术研究与应用[J]. 煤炭科学技术，2023，51(12)：254－266.

[15] 曹树刚，陈先哲，杨红运，等. 沿空留巷巷旁控制技术及其适用条件

分析[J]. 煤炭科学技术，2016，44(4)：27－33.

[16] 黄艳利，张吉雄，张强，等. 综合机械化固体充填采煤原位沿空留巷技术[J]. 煤炭学报，2011，36(10)：1624－1628.

[17] 杨红运. 特定地质条件沿空留巷应用技术及理论研究[D]. 重庆：重庆大学，2016.

[18] 武精科. 深井沿空留巷顶板致灾机理与控制技术研究[D]. 北京：中国矿业大学(北京)，2017.

[19] GUPTA A K，PAUL B. Comparative analysis of different materials to be used for backfilling in underground mine voids with a particular reference to hydraulic stowing[J]. International journal of oil gas and coal technology，2017，15(4)：425－434.

[20] GONG P，MA Z G，NI X Y，et al. Floor heave mechanism of gob-side entry retaining with fully-mechanized backfilling mining[J]. Energies，2017，10(12)：1－19.

[21] SHAN Q Y，LIU Y L，LI T，et al. Asymmetric support technology for gob side entry retaining with high water material[J]. Acta geodynamica et geomaterialia，2021，18(3)：335－346.

[22] 何满潮，宋振骐，王安，等. 长壁开采切顶短壁梁理论及其110工法-第三次矿业科学技术变革[J]. 煤炭科技，2017(1)：1－9,13.

[23] 朱梦博，刘浪，王双明，等. 短-长壁工作面充填无煤柱开采方法研究[J]. 采矿与安全工程学报，2022，39(6)：1116－1124.

[24] 邓雪杰，董超伟，袁宗萱，等. 深部充填沿空留巷巷旁支护体变形特征研究[J]. 采矿与安全工程学报，2020，37(1)：62－72.

[25] 王家臣，许家林，杨胜利，等. 煤矿采场岩层运动与控制研究进展：纪念钱鸣高院士“砌体梁”理论40年[J]. 煤炭科学技术，2023，51(1)：80－94.

[26] 宋振骐，郝建，石永奎，等. “实用矿山压力控制理论”的内涵及发展综述[J]. 山东科技大学学报(自然科学版)，2019，38(1)：1－15.

[27] 许家林. 岩层控制与煤炭科学开采：记钱鸣高院士的学术思想和科研成就[J]. 采矿与安全工程学报，2019，36(1)：1－6.

[28] 钱鸣高. 20年来采场围岩控制理论与实践的回顾[J]. 中国矿业大学学报，2000(1)：1－4.

[29] WU R，HE Q Y，OH J，et al. A new gob-side entry layout method

for two-entry longwall systems[J]. Energies, 2018, 11(8): 1-24.

[30] ZHANG Y, XU H C, SONG P, et al. Stress evolution law of surrounding rock with gob-side entry retaining by roof cutting and pressure release in composite roof[J]. Advances in materials science and engineering, 2020, 2020: 1-15.

[31] 陆士良. 无煤柱巷道的矿压显现与受力分析[J]. 煤炭学报, 1981(4): 29-37.

[32] 漆泰岳, 郭育光, 侯朝炯. 沿空留巷整体浇注护巷带适应性研究[J]. 煤炭学报, 1999(3): 34-38.

[33] 孙恒虎, 吴健, 邱运新. 沿空留巷的矿压规律及岩层控制[J]. 煤炭学报, 1992(1): 15-24.

[34] 李化敏. 沿空留巷顶板岩层控制设计[J]. 岩石力学与工程学报, 2000(5): 651-654.

[35] 李化敏, 王伸, 李东印, 等. 煤矿采场智能岩层控制原理及方法[J]. 煤炭学报, 2019, 44(1): 127-140.

[36] 何满潮, 陈上元, 郭志飚, 等. 切顶卸压沿空留巷围岩结构控制及其工程应用[J]. 中国矿业大学学报, 2017, 46(5): 959-969.

[37] 何满潮, 马资敏, 郭志飚, 等. 深部中厚煤层切顶留巷关键技术参数研究[J]. 中国矿业大学学报, 2018, 47(3): 468-477.

[38] 陈勇. 沿空留巷围岩结构运动稳定机理与控制研究[D]. 徐州: 中国矿业大学, 2012.

[39] 柏建彪, 张自政, 王襄禹, 等. 高水材料充填沿空留巷应力控制与围岩强化机理及应用[J]. 煤炭科学技术, 2022, 50(6): 16-28.

[40] 周保精. 充填体-围岩协同变形机制与沿空留巷技术研究[D]. 徐州: 中国矿业大学, 2012.

[41] 徐金海, 付宝杰, 周保精. 沿空留巷充填体的流变特性分析[J]. 中国矿业大学学报, 2008(5): 585-589.

[42] 高玉兵. 柠条塔煤矿厚煤层 110 工法关键问题研究[D]. 北京: 中国矿业大学(北京), 2018.

[43] 何满潮, 高玉兵, 盖秋凯, 等. 无煤柱自成巷力学原理及其工法[J]. 煤炭科学技术, 2023, 51(1): 19-30.

[44] 谢生荣, 张晴, 陈冬冬, 等. 沿空留巷顶板非对称锚固深梁承载结构模型研究及应用[J]. 采矿与安全工程学报, 2020, 37(2): 298-310.

[45] 龚鹏. 深部大采高矸石充填综采沿空留巷围岩变形机理及应用[D]. 徐州：中国矿业大学，2018.

[46] 唐芙蓉，马占国，杨党委，等. 厚层软岩断顶充填沿空留巷关键参数研究[J]. 采矿与安全工程学报，2019，36(6)：1128－1136.

[47] 侯朝炯，王襄禹，柏建彪，等. 深部巷道围岩稳定性控制的基本理论与技术研究[J]. 中国矿业大学学报，2021，50(1)：1－12.

[48] 任兴云，郝兵元，王宏伟. 矩形巷道顶板锚索布置参数优化研究与实践[J]. 中南大学学报(自然科学版)，2021，52(9)：3322－3330.

[49] 康红普. 我国煤矿巷道围岩控制技术发展70年及展望[J]. 岩石力学与工程学报，2021，40(1)：1－30.

[50] 李根威，柳晶，邓广哲. 矿用工字钢架棚支护设计方法[J]. 吕梁学院学报，2023，13(2)：41－45.

[51] 栾恒杰. 沿空留巷顶板切落特性与锚固控制机制试验研究[D]. 青岛：山东科技大学，2018.

[52] PENG S S，TANG D H Y. Roof bolting in underground mining：a state-of-the-art review [J]. International journal of mining engineering，1984，2：1－42.

[53] 康红普，王金华，林健. 煤矿巷道支护技术的研究与应用[J]. 煤炭学报，2010，35(11)：1809－1814.

[54] 侯朝炯，勾攀峰. 巷道锚杆支护围岩强度强化机理研究[J]. 岩石力学与工程学报，2000(3)：342－345.

[55] 何满潮，杜帅，宫伟力，等. 负泊松比锚杆/索力学特性及其工程应用[J]. 力学与实践，2022，44(1)：75－87.

[56] SUN X M，JIANG M，MIAO C Y，et al. Study on large deformation and failure mechanism of deep buried stratified slate tunnel and control strategy of high constant resistance anchor cable[J]. Engineering failure analysis，2023，144：1－22.

[57] 刘洪洋. 采空区下沿空留巷顶板稳定性影响因素及控制对策[D]. 徐州：中国矿业大学，2014.

[58] 王东攀，杨鸿智，袁伟茗，等. 厚煤层综放沿空留巷"支-卸"协同围岩控制技术[J]. 采矿与岩层控制工程学报，2022，4(4)：32－42.

[59] 朱珍，张科学，袁红平. 切顶卸压沿空留巷碎石巷帮控制技术及应用

[J]. 煤炭科学技术，2018，46(3)：25 - 32.

[60] 程福生. 薄煤层沿空留巷浅探[J]. 河北煤炭，1986(3)：46.

[61] 王平，曾梓龙，孙广京，等. 深井矸石充填工作面沿空留巷围岩控制原理与技术[J]. 煤炭科学技术，2022，50(6)：68 - 76.

[62] 孙广京. 深井矸石充填工作面沿空留巷原理及围岩稳定性研究[D]. 湘潭:湖南科技大学，2020.

[63] 张磊. 安居煤矿千米深井切顶成巷围岩变形机理及控制[D]. 北京：中国矿业大学(北京)，2021.

[64] 李季，李博，张荣光，等. 考虑采空区矸石非均匀充填影响的倾斜煤层沿空留巷稳定性分析[J]. 煤炭科学技术,2023,51(6):30 - 41.

[65] 马一杰. 对矸石做沿空留巷旁充填体时的围岩稳定性的研究[D]. 太原:太原理工大学，2015.

[66] 张盛，王小良，吴自强，等. 切顶卸压沿空留巷爆破孔关键参数选择及留巷效果现状分析[J]. 河南理工大学学报(自然科学版)，2019，38(6)：1 - 9.

[67] 王金华. 软岩巷道围岩的工程特性及其分类[J]. 煤炭科学技术，1987(7)：48 - 49,62.

[68] 李文光，王金华. 软岩巷道围岩变形破坏机理和合理支护问题[J]. 煤炭学报，1987(3)：55 - 62.

[69] 王真. 沿空留巷砌体隔离墙砌块结构对承载能力的影响研究[D]. 西安:西安科技大学，2017.

[70] 韩昌良，张农，王晓卿，等. 沿空留巷砌块式墙体结构承载特性及应用研究[J]. 采矿与安全工程学报，2013，30(5)：673 - 678,685.

[71] 张飞. 混凝土预制块砌碹墙巷旁支护沿空留巷[D]. 重庆:重庆大学，2014.

[72] 唐建新，胡海，涂兴东，等. 普通混凝土巷旁充填沿空留巷试验[J]. 煤炭学报，2010，35(9)：1425 - 1429.

[73] 姚直书，赵丽霞，程桦，等. 深厚表土层冻结井筒高强钢筋混凝土内壁设计优化与实测分析[J]. 煤炭学报，2019，44(7)：2125 - 2132.

[74] 王晓利，吴玉意. 一种可缩混凝土碹与锚杆联合支护系统及施工方法：200910024137. X [P]. 2013 - 08 - 07.

[75] 赵文华. 松软破碎围岩巷道柔模混凝土支护研究与实践[D]. 西安：

西安科技大学，2013.

[76] FREYS D，DE SCHUTTER G，KHAYAT K H，et al. Changes in rheology of self-consolidating concrete induced by pumping[J]. Materials and structures，2016，49(11)：4657－4677.

[77] 马广兴. 柔模混凝土沿空留巷和切顶卸压沿空留巷对比分析[J]. 能源与环保，2018，40(10)：185－189.

[78] 李杰. 超高水材料充填开采留巷围岩活动规律研究[D]. 徐州：中国矿业大学，2014.

[79] ZHANG F T，WANG X Y，BAI J B，et al. Post-peak mechanical characteristics of the high-water material for backfilling the gob-side entry retaining：from experiment to field application[J]. Arabian journal of geosciences，2020，13：386.

[80] ZHANG Z Z，DENG M，BAI J B，et al. Stability control of gob-side entry retained under the gob with close distance coal seams[J]. International journal of mining science and technology，2021，31(2)：321－332.

[81] 冯光明. 超高水充填材料及其充填开采技术研究与应用[D]. 徐州：中国矿业大学，2009.

[82] 冯光明，贾凯军，尚宝宝. 超高水充填材料在采矿工程中的应用与展望[J]. 煤炭科学技术，2015，43(1)：5－9.

[83] 康红普，牛多龙，张镇，等. 深部沿空留巷围岩变形特征与支护技术[J]. 岩石力学与工程学报，2010，29(10)：1977－1987.

[84] 熊祖强，刘旭锋，王成，等. 高水巷旁充填材料单轴压缩变形破坏与能耗特征分析[J]. 中国安全生产科学技术，2017，13(1)：65－70.

[85] 李西凡，熊祖强，王鹏. 高水巷旁充填材料力学性能改进试验研究[J]. 中国安全科学学报，2020，30(5)：95－100.

[86] 吕林尊. 深部煤层综采工作面高水材料沿空留巷技术[J]. 山东煤炭科技，2020(2)：35－36,39,43.

[87] 张农，韩昌良，阚甲广，等. 沿空留巷围岩控制理论与实践[J]. 煤炭学报，2014，39(8)：1635－1641.

[88] 韩昌良，张农，李桂臣，等. 大采高沿空留巷巷旁复合承载结构的稳定性分析[J]. 岩土工程学报，2014，36(5)：969－976.

[89] 张东升，缪协兴，茅献彪. 综放沿空留巷顶板活动规律的模拟分析

[J]. 中国矿业大学学报，2001,30(3)：47－50.

［90］郝兵元，任兴云，李宪军，等. 一种综采放顶煤工作面堆喷混凝土沿空留巷方法：202111115809.5 [P]. 2021－11－30.

［91］张明磊. 大高宽比混凝土巷旁充填体力学特性与沿空留巷围岩稳定性研究[D]. 徐州：中国矿业大学，2019.

［92］白金超，成云海，郑强强，等. 干、湿喷混凝土受载力学特性及破坏机制[J]. 煤炭学报，2020，45 (8)：2777－2786.

［93］栗培龙，岳磊，马浩，等. 喷射混凝土强度影响因素及增长特性研究[J]. 广西大学学报(自然科学版)，2022，47(5)：1174－1183.

［94］钱鸣高，许家林，王家臣. 再论煤炭的科学开采[J]. 煤炭学报，2018，43(1)：1－13.

［95］郭建伟，张广杰，丁坤朋. 坚硬顶板切顶沿空留巷围岩控制技术[J]. 煤炭技术，2020，39(4)：58－62.

［96］钱鸣高，石平五，许家林. 矿山压力与岩层控制[M]. 徐州：中国矿业大学出版社，2010.

［97］钱鸣高，许家林. 煤炭开采与岩层运动[J]. 煤炭学报，2019，44(4)：973－984.

［98］黄炳香，张农，靖洪文，等. 深井采动巷道围岩流变和结构失稳大变形理论[J]. 煤炭学报，2020，45(3)：911－926.

［99］徐全，吴家耀，褚卫江，等. 喷射混凝土力学时空特性在中东抽蓄中的应用[J]. 地下空间与工程学报，2020，16(3)：852－862.

［100］黄正栋，张东峰，张小强. 沿空留巷巷旁充填材料性能优化研究[J]. 煤矿安全，2021，52(8)：59－65,74.

［101］韩昌良. 沿空留巷围岩应力优化与结构稳定控制[D]. 徐州：中国矿业大学，2013.

［102］吕闹. 混凝土冲击加载下的宏观波形响应与细观数值计算研究[D]. 淮南：安徽理工大学，2022.

［103］HOEK E，BROWN E T. Empirical strength criterion for rock masses[J]. Journal of geotechnical and geoenvironmental engineering，1980，106(9)：1013－1035.

［104］郑赟. 动静载组合作用下沿空留巷围岩变形机理与支护优化研究[D]. 北京：中国矿业大学(北京)，2017.

[105] 卢小雨. 深井大断面沿空留巷围岩稳定控制机理研究[D]. 淮南:安徽理工大学,2013.

[106] 李春意,高永格,陈洁,等. 大采高沿空留巷围岩稳定性及形变规律分析[J]. 地下空间与工程学报,2021,17(3):897-908.

[107] 杨俊彩,王文,张广杰. 柔模砼墙沿空留巷围岩变形规律及控制技术研究[J]. 煤炭科学技术,2022,50(S1):89-99.

[108] 张晓. 浅埋煤层支卸组合沿空留巷围岩控制机理及技术[D]. 北京:煤炭科学研究总院,2021.

[109] 孙广建,张洋,常晓亮,等. 大松动圈围岩沿空留巷切顶卸压-恒阻补强分区支护技术[J]. 采矿与岩层控制工程学报,2022,4(4):43-55.

[110] 李国栋. 二次沿空留巷围岩变形机理及支护技术研究[D]. 重庆:重庆大学,2016.

[111] 李迎富,华心祝. 沿空留巷围岩结构稳定性力学分析[J]. 煤炭学报,2017,42(9):2262-2269.

[112] 李迎富,华心祝,蔡瑞春. 沿空留巷关键块的稳定性力学分析及工程应用[J]. 采矿与安全工程学报,2012,29(3):357-364.

[113] 赵社会,张广杰,王文. 深埋薄基岩综放工作面切顶卸压沿空留巷围岩协同控制技术研究[J]. 河南理工大学学报(自然科学版),2022,41(1):29-42.

[114] 刘跃东. 中厚煤层沿空留巷端头顶板断裂位置及巷旁支护强度研究[J]. 中国煤炭,2022,48(5):33-40.

[115] 何昌春. 基于关键层结构的地表沉陷预计方法研究[D]. 徐州:中国矿业大学,2018.

[116] HAN C L, ZHANG N, RAN Z, et al. Superposed disturbance mechanism of sequential overlying strata collapse for gob-side entry retaining and corresponding control strategies[J]. Journal of Central South University, 2018, 25(9): 2258-2271.

[117] 吴健,孙恒虎. 巷旁支护载荷和变形设计[J]. 矿山压力,1986(2):2-11,79.

[118] 朱德仁,申冠海. 沿空留巷支架与围岩关系的探讨[J]. 煤炭学报,1982(3):67-76.

[119] 张自政,柏建彪,陈勇,等. 沿空留巷不均衡承载特征探讨与应用

分析[J]. 岩土力学，2015，36(9)：2665-2673.

[120] 方树林. 锚喷支护巷道喷射混凝土力学性能试验研究[J]. 煤炭工程，2023，55(1)：149-155.

[121] 赵明明. 振动搅拌混凝土凝结时间的试验研究[D]. 西安：长安大学，2020.

[122] HERATH C，GUNASEKARA C，LAW D W，et al. Performance of high volume fly ash concrete incorporating additives：a systematic literature review[J]. Construction and building materials，2020，258：120606.

[123] BAHAFIFID S，GHABEZLOO S，DUC M，et al. Effect of the hydration temperature on the microstructure of Class G cement：C-S-H composition and density [J]. Cement and concrete research，2017，95：270-281.

[124] 李学彬，曲广龙，杨春满，等. 弱胶结巷道新型聚合物喷层材料及其喷射支护技术研究[J]. 采矿与安全工程学报，2019，36(1)：95-102.

[125] 谭云亮，于凤海，宁建国，等. 沿空巷旁支护适应性原理与支护方法[J]. 煤炭学报，2016，41(2)：376-382.

[126] 王恩，陈冬冬，谢生荣，等. 双通道沿空留巷围岩偏应力分布及控制技术研究[J]. 采矿与安全工程学报，2022，39(3)：557-566.

[127] 杜献杰. 煤矿结构充填开采“充填体-直接顶”复合承载结构稳定性研究[D]. 太原：太原理工大学，2019.

[128] 王嘉旋. 高性能纤维喷射混凝土力学性能试验研究[D]. 北京：北京交通大学，2021.

[129] 尹俊红，周继阳，赫中营. 碳纤维混凝土单轴循环受压应力应变曲线试验研究[J]. 建筑科学，2021，37(5)：113-121.

[130] 张鹏. 混凝土3D打印墙体受压性能试验研究[D]. 南京：东南大学，2020.

[131] 赵顺波，高宇甲，陈记豪，等. C50泵送混凝土抗压强度和弹性模量时变性试验研究与应用[J]. 混凝土，2015(1)：98-101.

[132] 张胜利. 钢纤维混凝土纤维分布与力学性能关系试验研究及数值仿真[D]. 太原：太原理工大学，2018.

[133] 李利峰. 切顶成巷“短臂梁”效应及层状顶板运动规律研究[D]. 北京：中国矿业大学(北京)，2021.

[134] 王俊峰，王恩，陈冬冬，等. 窄柔模墙体沿空留巷围岩偏应力演化与控制[J]. 煤炭学报，2021，46(4)：1220－1231.

[135] 王凯，杨宝贵，王鹏宇，等. 软弱厚煤层沿空留巷变形破坏特征及控制研究[J]. 岩土力学，2022，43(7)：1913－1924,1960.

[136] 王方田，尚俊剑，赵宾，等. 切顶卸压沿空留巷围岩结构特征及锚索强化支护技术[J]. 岩石力学与工程学报，2021，40(11)：2296－2305.

[137] 阚甲广，武精科，张农，等. 二次沿空留巷围岩结构稳定性与控制技术[J]. 采矿与安全工程学报，2018，35(5)：877－884.

[138] 孙志勇. 长平煤矿“三位一体”卸支耦合围岩控制技术研究[J]. 煤炭工程，2022，54(11)：90－94.

[139] 金明乾，尹胜波. 厚煤层沿顶掘进巷道袋式充填顶板支护技术研究[J]. 煤炭科学技术，2021，49(7)：51－56.

[140] 张自政，柏建彪，王卫军，等. 沿空留巷充填区域锚索锚固区内外顶板离层力学分析与工程应用[J]. 采矿与安全工程学报，2018，35(5)：893－901.

[141] 王开. 普采工作面坚硬顶板控制及其研究[D]. 太原:太原理工大学，2006.

[142] 李鹏，朱永建，王平，等. 大倾角厚层坚固顶板巷旁支护体合理宽度及让压尺度研究[J]. 中南大学学报（自然科学版），2022，53(11)：4494－4503.

[143] 刘学生，李学斌，谭云亮，等. 深部沿空巷道巷旁支护失稳机制与降能控制方法[J]. 煤炭学报,2023,48(S2):485－500.

[144] 李清池. 周期荷载作用下钢筋混凝土结构徐变规律研究[D]. 北京：中国铁道科学研究院，2022.

[145] 赵志伟. 深部软岩巷道塑性区围岩变形破坏的相似模拟研究[D]. 湘潭:湖南科技大学，2018.

[146] 郑赟，单仁亮，黄博，等. 强帮强角应用于沿空留巷支护的相似模型试验研究[J]. 采矿与安全工程学报，2021，38(1)：94－102.

[147] 陈宇龙，张科，聂闻，等. 大倾角中厚煤层沿空留巷理论及技术[J]. 岩土力学，2019，40(S1)：40.

[148] 冯晓巍，汪明坤，薛飞，等. 内置等强缩尺 3D 打印支护系统的矿山相似物理模拟试验研究[J]. 中国矿业大学学报，2022，51(2)：232－243,256.

[149] 郝学，胡祖祥，邢立奋，等. 综采工作面顶板围岩应力特征相似模拟研究[J]. 矿业安全与环保，2020，47(4)：29－33,38.

[150] 陈帅，杨智春，李斌. 结构试验中均布载荷的气囊加载系统设计方法[J]. 工程力学，2012，29(6)：146－150.

[151] 郭钇君. 深部巷道围岩拉剪破裂机制及其演化规律研究[D]. 邯郸：河北工程大学，2021.

[152] 姜鹏飞. 千米深井巷道围岩支护-改性-卸压协同控制原理及技术[D]. 北京:煤炭科学研究总院，2020.

[153] 康向涛，高璐，罗蜚，等. 数字散斑技术在煤矿相似模拟实验中的应用[J]. 中国安全生产科学技术，2020，16(11)：140－146.

[154] 董伟，王学滨. 岩土工程相似模拟试验观测的可靠子区数字图像相关方法[J]. 岩土力学，2021，42(9)：2525－2534.

[155] 孙淼，孙泽东. 深井沿空掘巷护巷煤柱相似模拟实验研究[J]. 煤炭技术，2019，38(8)：24－26.

[156] 贾栋，姜德义，陈结，等. 综放工作面覆岩破坏特征及裂隙演化相似模拟试验研究[J]. 中国安全生产科学技术，2022，18(3)：19－25.

[157] 倪先杰，李迎富. 大采高工作面采场围岩结构力学分析及其工程应用[J]. 采矿与安全工程学报，2022，39(5)：911－920.

[158] 秦义岭. 固体充填沿空留巷巷旁支护体稳定性及注浆加固研究[D]. 邯郸:河北工程大学，2021.

[159] 杨朋. 深井沿空留巷围岩变形演化特征及其控制[D]. 淮南:安徽理工大学，2018.

[160] 朱珍，张科学，何满潮，等. 无煤柱无掘巷开采自成巷道围岩结构控制及工程应用[J]. 煤炭学报，2018，43(S1)：52－60.

[161] 郭金刚，李耀晖，石松豪，等. 厚硬基本顶切顶卸压成巷及围岩控制技术[J]. 煤炭学报，2021，46 (9)：2853－2864.

[162] 李向鹏. 缓倾斜煤层综放开采沿空留巷围岩控制技术研究[D]. 太原:太原理工大学，2019.

[163] 曹其嘉. 沿空留巷巷旁充填体和围岩耦合承载分析及其控制[D]. 徐州:中国矿业大学，2018.

[164] 张智敏，康天合. 动压巷道两帮煤体刚度劣化对顶板变形的影响[J]. 煤矿安全，2021，52(12)：54－59.

[165] 柏建彪，周华强，侯朝炯，等. 沿空留巷巷旁支护技术的发展[J]. 中国矿业大学学报，2004，33(2)：59－62.

[166] 赵萌烨，黄庆享，朱磊，等. 无煤柱切顶沿空留巷顶板“短砌体-铰接”结构及支撑阻力研究[J]. 煤炭学报，2021，46(S1)：84－93.

[167] 高喜才，马腾飞，范凯，等. 复合顶板切顶沿空留巷围岩变形分区及耦合支护技术[J]. 煤炭工程，2021，53(7)：36－41.

[168] 吕情绪，赵小兵. 沿空留巷顶板下沉变形规律及补强支护控制机理[J]. 煤炭技术，2022，41(5)：38－41.

[169] 王亚军，何满潮，杨军，等. 无煤柱自成巷“短臂梁”结构特征及变形计算分析[J]. 中国矿业大学学报，2019，48(4)：718－726,759.

[170] 张勇，王炯，魏红印，等. 切顶留巷动压影响区门式支架临时支护技术研究[J]. 煤炭科学技术，2018，46(S1)：23－26,38.

[171] 王亚军，杨军，高玉兵，等. 切顶卸压沿空留巷动压承载临时支护技术研究[J]. 煤炭工程，2018，50(3)：30－36.

[172] 赵彬. 色连二矿“110 工法”综采工作面门式支架搬运车应用[J]. 内蒙古煤炭经济，2020(23)：152－153.

[173] 李刚. 巷道长距离交替循环临时支护成套装备关键技术研究[J]. 矿山机械，2020，48(4)：1－6.

[174] 杨兴铺. 安顺煤矿单体液压支柱在沿空留巷中的研究与应用[J]. 内蒙古煤炭经济，2020(8)：44－45.

[175] 张懿，张向阳，卜庆为，等. 厚煤切顶巷道顶板围岩支护承载稳定性分析[J]. 采矿与岩层控制工程学报，2022，4(6)：37－46.

[176] 岳帅帅. 深部沿空留巷围岩偏应力和球应力演化规律与控制[D]. 北京：中国矿业大学(北京)，2019.

[177] 闻德荪，黄正华，高海鹰，等. 工程流体力学[M]. 北京：高等教育出版社，2018.

[178] 宁逢伟，蔡跃波，白银，等. 湿喷混凝土射流密实过程研究进展[J]. 人民长江，2021，52(10)：208－213.

[179] 颜永弟. 喷射混凝土最佳喷速及一次喷层厚度的理论解[J]. 岩土工程学报，1998，20(4)：108－111.

[180] 苏畅，郑强强. 湿喷混凝土喷射打击力分布测试试验研究[J]. 安徽理工大学学报(自然科学版)，2019，39(4)：13－17.

[181] SCRIVENER K, OUZIA A, JUILLAND P, et al. Advances in understanding cement hydration mechanisms [J]. Cement and concrete research, 2019, 124: 105823.

[182] 张戈. 速凝剂主要组分对水泥水化及力学性能的影响[J]. 铁道学报, 2020, 42(1): 112 - 118.

[183] 夏忠锋. 铝酸钙水泥水化过程调控及微结构演变机理研究[D]. 武汉:武汉科技大学, 2022.

[184] 苏畅. 湿喷机喷嘴关键参数分析与喷射混凝土质量控制研究[D]. 淮南:安徽理工大学, 2018.

[185] 关宝树. 隧道及地下工程喷混凝土支护技术[M]. 北京:人民交通出版社, 2017.

[186] 张彦. 快速掘锚成套装备掘进工作面粉尘检测和分析[J]. 中国设备工程, 2022(8): 136 - 138.

[187] 程卫民, 周刚, 陈连军, 等. 我国煤矿粉尘防治理论与技术 20 年研究进展及展望[J]. 煤炭科学技术, 2020, 48(2): 1 - 20.

[188] 惠兴田, 崔英哲. 沿空留巷预支撑技术研究及应用[J]. 煤矿安全, 2014, 45(4): 47 - 50.

[189] 刘红威, 刘树锋, 陈黎明, 等. 切顶沿空留巷采空区自燃带分布特征及喷涂堵漏防灭火技术[J]. 采矿与安全工程学报, 2022, 39(3): 624 - 633.